CASTILLOS MEDIEVALES
EN ESPAÑA

ISBN: 84-7782-597-1
Depósito legal: B-7989-1999

LUNWERG EDITORES
Beethoven, 12 - 08021 BARCELONA - Tel. 93 201 59 33 - Fax 93 201 15 87
Sagasta, 27 - 28004 MADRID - Tel. 91 593 00 58 - Fax 91 593 00 70

Impreso en España

CASTILLOS MEDIEVALES
EN ESPAÑA

Luis Monreal y Tejada

Fotografías

Domi Mora

Comentarios a las ilustraciones

Miquel Mirambell

LUNWERG

EDITORES, S.A.

ÍNDICE

La historia de un castillo es el paisaje que lo rodea. El paisaje de una época que se expresa social y políticamente a través de la arquitectura. Una manera de entender el mundo y de organizar la vida. Así, y por lo general, sobre sedimentos íberos, romanos y visigodos, el castillo medieval es símbolo de un nuevo orden, de una nueva jerarquía entre señores y vasallos. También, la enseña visible de un afán de conquista. Como la alcazaba árabe, cuyas torres jalonan nuestra geografía, y que, según el siglo y la latitud, albergó palacios y jardines de inigualable refinamiento.

Mansión de reyes, palacio de nobles, convento de monjes-caballeros, cortes ilustradas donde floreció la cultura y el amor cortés, desde la Alta Edad Media hasta los albores del Renacimiento, este libro da cuenta de la variada morfología de los castillos y de los usos y costumbres de sus moradores. Hombres de la guerra que vivieron en condiciones en extremo duras y toscas, pero que, con el paso del tiempo, también supieron de una nueva, exquisita manera de entender las artes, la cultura, el espíritu.

Luis Monreal y Tejada, historiador y académico, presidente de honor de la Asociación Española de Amigos de los Castillos y Medalla de Oro al Mérito en las Bellas Artes, es una reconocida autoridad en el estudio, recuperación y divulgación de nuestro patrimonio artístico.

Nadie más significado que él para hacernos llegar, con una prosa rica que aúna rigor y entretenimiento, además de un demostrado amor por la cultura, una parte tan importante de la historia de España. Aquella que, bien desde las ruinas, bien desde restauraciones más o menos logradas, todavía resiste al tiempo. La que con extrema plasticidad ha sabido recoger para este libro el fotógrafo Domi Mora.

Estamos, sin duda, ante una obra que será referencia ineludible para el estudioso y para el lector curioso ante el sabio, hermoso vínculo de historia y paisaje.

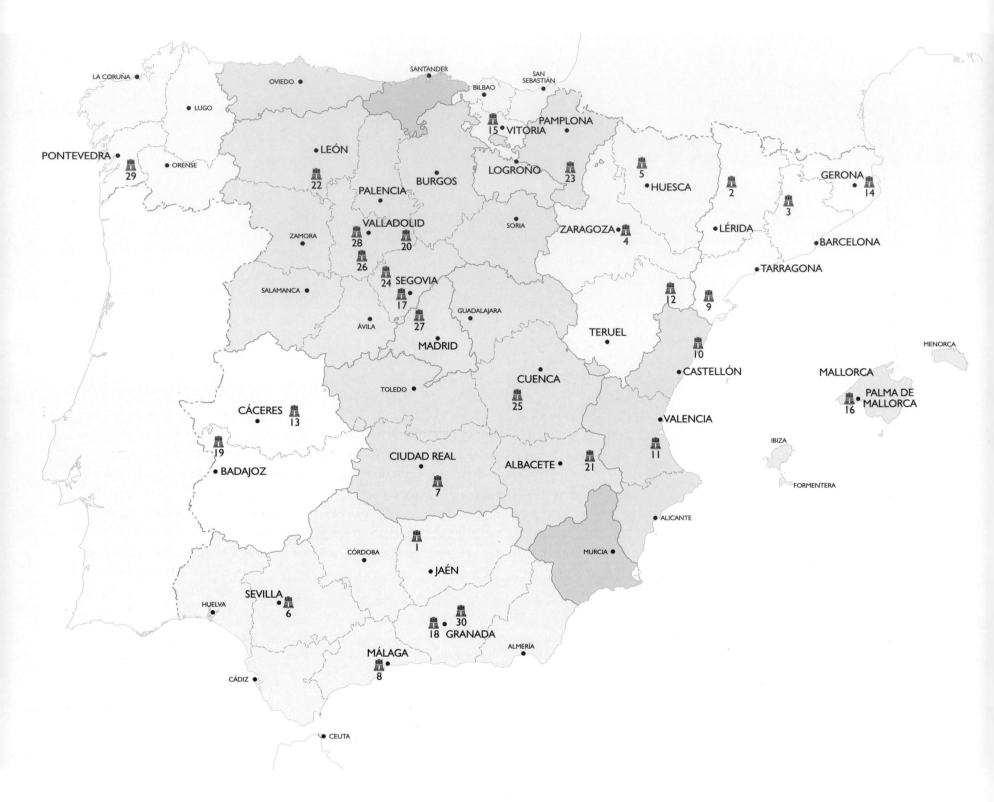

Castillos Medievales en España

L a más noble huella humana que decora y complementa el variado paisaje español es la formada por la sucesión de castillos —la mayor parte de ellos ruinosos— que culminan las verdes montañas, emergen de pronto en la llanura parda y áspera o rematan las siluetas de los pueblos, más altos incluso que la mole de la iglesia con la que emparejan sus arquitecturas.

Los castillos descubren a los ojos del viajero la historia y la fábula de un país alegre bajo su sol, caballeresco en su sentimiento y dramático por la sangre, propia y ajena, que tantas veces regó su suelo en invasiones extranjeras y en luchas fratricidas.

Los castillos fueron defensa y escenario principal en todas esas guerras, pero también mansión de reyes, palacio de nobles, convento de monjes-caballeros, además de cortes ilustradas en las que florecieron la cultura y el amor cortés. Albergaron todo un sistema de vida muy distinto del nuestro, mucho más difícil y sacrificado, pero alumbrado por unos ideales sentidos con ardor, en los que aquellas gentes hallaban su razón de existir.

Echemos, pues, una ojeada a estos castillos españoles desde la Alta Edad Media hasta los albores del Renacimiento, coincidiendo, casi exactamente, con la gran epopeya nacional a la que llamamos «la Reconquista», desde los primeros años del siglo VIII, en que los musulma-

Ruinas del castillo de Embid (Guadalajara), destruido durante la Guerra de Sucesión.

Página siguiente:
Vista del castillo gótico de Lorca (Murcia), con la gran torre del homenaje, conocida como «la Alfonsina».

Detalle de un tapiz del castillo-palacio de Vulpellac (Gerona).

Sala del castillo de Vulpellac (Gerona), cuyo origen se fecha en el siglo XIV, aunque se reformó en los siglos XVI y XVIII.

nes ponen pie en la península Ibérica, hasta los últimos del xv, cuando los Reyes Católicos acaban con el último dominio islámico en España.

Castillos de moros y de cristianos, que avanzan o retroceden como las piezas de un ajedrez sobre el tablero hispánico, sustituyendo la vencedora a la vencida en el lugar del que ésta ha sido desplazada. En efecto, puesto que la gran marcha reconquistadora fue siempre de norte a sur —salvo retrocesos cristianos esporádicos y pasajeros—, encima del castillo árabe destruido, o al menos maltrecho en la campaña bélica, se reconstruye otro cristiano aprovechando cimientos y muros, a fin de mantener fuerte un emplazamiento cuyo valor estratégico apreciaban unos y otros por igual.

Sirva esta observación para explicar la falta de unidad arquitectónica que se aprecia en la mayoría de los castillos españoles, pues en ellos ha dejado la Historia sus estratos de piedra. Es muy frecuente que el investigador descubra, en el análisis de una fortaleza cualquiera, robustos fundamentos romanos —o incluso ibéricos— que allí han quedado inamovibles. Con mucha menor frecuencia hallará mezclados unos hermosos sillares visigodos. En la mayor parte del suelo español, excepto en los territorios norteños, en los que surgen los incipientes reinos cristianos, son más visibles las ruinas de las fortalezas musulmanas, donde se utilizaron materiales tan contradictorios como la sillería califal de gran despiezo, el ladrillo bien cocido, la mampostería, el rústico tapial o el miserable adobe. Tras una reconquista, sobre tales ruinas reconstruyen los cristianos generalmente en piedra, a no ser que empleen para la obra alarifes moriscos con su habilísimo manejo del ladrillo.

Pero no terminan aquí ni la continuidad utilitaria ni la renovación del antiguo castillo. Casi siempre el conquistador cristiano lo ampliará y dispondrá en él signos de su propia identidad. Cambiará ciertos dispositivos de la defensa —por ejemplo, la forma de las almenas—, pero, sobre todo, construirá la gran torre señorial llamada «del homenaje», símbolo de poder y de jurisdicción.

Hasta este punto describimos castillos estrictamente militares, concebidos para la guerra, guardados, en general, por unos pocos hombres de armas, cuyo número se aumenta en caso de necesidad. Pero no demasiado, pues la guarnición debe ser proporcionada a la extensión y características de la fortaleza para que los soldados no se estorben unos a otros y, sobre todo, para que no hayan demasiadas bocas que alimentar con los víveres disponibles en un recinto que puede ser cercado por el enemigo.

No obstante, este castillo estrictamente defensivo, y de muy incómoda habitabilidad, tiene que alojar, desde muy antiguo, al señor con su familia y sus servidores. Por lo general, es esa torre principal, con varios pisos, su austera vivienda. Cuando la inminencia de la guerra se va alejando, se inicia la transformación de los castillos en residencias fortificadas, mejoradas de modo paulatino con un mínimo de comodidades.

Los elementos primarios que definen un castillo son la torre y la muralla: la torre en el centro y la muralla a su alrededor, dejando entre una y otra un espacio descubierto o albacar. Tal programa esencial se va complicando con otras construcciones, tanto por necesidades de defensa como de habitación. El recinto amurallado se hace mayor y aun se duplica o triplica mediante recintos exteriores concéntricos, de modo que quien llega a él ha de atravesar varias líneas amuralladas por sucesivas puertas. El arquitecto dispone pasos y recodos en los que el visitante queda al descubierto ante los ojos de quienes le aguardan. Una de las construcciones más frecuentes en los grandes castillos es la capilla que, en ciertos casos —Cardona, por ejemplo—, llega a tener las dimensiones y la categoría canónica de colegiata con su capítulo de sacerdotes.

Frente a la capilla aparece otro gran espacio de carácter civil, al que algunos documentos llaman *aula maior*. Es la gran sala de recepción y de fiestas, donde el señor puede recibir dignamente a sus iguales, hacer justicia a sus vasallos o reunir una pequeña corte a la que diviertan troveros y juglares de paso. En ella se pueden pasar largas veladas jugando a los dados, al ajedrez y a las tablas, oyendo relatos épicos o anécdotas de cacerías, o en discreteos poéticos y amatorios.

Torre del homenaje, capilla y *aula maior* presiden la plaza de armas, donde podrán reunirse las tropas cuando sea necesario distribuirlas para organizar la eventual defensa de la fortaleza.

Y se van añadiendo por los recintos pabellones de habitación para la familia, los sirvientes, los soldados, establos para el ganado, cocinas, almacenes para las provisiones...

La conversión del castillo en palacio es un proceso que se verifica, normalmente, entre los siglos XIII y XIV. En el XV es más frecuente que se construyan de nueva planta castillos señoriales o palacios fortificados, con mayores concesiones a la ornamentación, en el estilo gótico dominante o en su castiza interpretación hispanomorisca, o sea, en estilo mudéjar.

Ahora bien, la conversión del castillo en palacio no implica la supresión de los elementos castrenses ni de los medios de defensa. Todo lo contrario.

La fortificación pretende ser cada vez más eficaz, más imponente, a tono con la grandeza que va adquiriendo la arquitectura de las mansiones. Hay para ello razones poderosas y prácticas. Es verdad que después del siglo XIII, reconquistada la Alta Andalucía y reducido el poder islámico en la Península al reino nazarí de Granada, interrumpida casi por completo la guerra de reconquista hasta ser reanudada por los Reyes Católicos, nada tenían que temer de la morisma los centros vitales de Aragón, de Navarra y aun de la propia Castilla. Pero entonces también habían de ser fuertes los castillos para las luchas civiles dentro de los mismos reinos, para las rebeliones contra los propios reyes, para las incesantes rivalidades y banderías encabezadas por las familias más ilustres y poderosas.

No olvidemos que la historia de la fortificación es, en rigor, paralela a la historia de las armas. A medida que aumenta la eficacia de éstas, se han de mejorar los recursos de la fortificación que se enfrenta a ellas. Y, ciertamente, las armas ofensivas progresan sin cesar.

No nos referimos sólo a la mejor calidad que van ganando las de mano —espadas, arcos, ballestas, hachas, mazas, lanzas y demás—, sino, sobre todo, a las máquinas o ingenios capaces de quebrantar muros e, incluso, de derribarlos. El boquete abierto por los ingenios daba paso a los soldados para el asalto a la fortaleza.

No es éste el lugar para describir la forma en que las máquinas preparaban ese momento decisivo, pero sí anotaremos las más eficaces que se utilizaron antes de la aparición de la artillería con pólvora. Es el caso de la *mina*.

Consistía en excavar la boca de la misma en un lugar oculto, a ser posible, imperceptible desde el castillo. En dirección a éste se abría un túnel, que se entibaba con maderos para que no se hundiera y que llegaba por debajo a atravesar la muralla del recinto atacado. Entonces se pegaba fuego a los maderos y el muro caía por ese punto al faltar el apoyo a sus fundamentos. La posibilidad de que pudieran ser atacados por una *mina* divide a los castillos en *motas,* sobre tierra excavable, y *los rocas,* levantados sobre suelo pétreo que no se puede socavar.

Una máquina formidable era el *castillo de madera,* construido por los sitiadores y más alto que el muro del castillo a expugnar. Se acercaba sobre ruedas y solía tener tres plataformas a distintos niveles: la más baja, frente al lienzo de muralla, para que hombres provistos de pi-

Escenas bélicas de las *Cantigas* de Alfonso X el Sabio (siglo XIII), pertenecientes al *Códice Príncipe* conservado en la biblioteca del monasterio de El Escorial.

cas intentaran abrir un boquete; otra, a la altura de las almenas, para los guerreros que tenían que saltar al interior portando armas de mano; la tercera, más arriba, con los arqueros y ballesteros, que desde allí habían de cubrir el asalto. Era muy arriesgada la aproximación, ante la vista de los sitiados, de este armatoste, cubierto de pieles de buey sin curtir para hacerlo incombustible si le lanzaban flechas incendiarias.

Estaban, además, las máquinas de lanzar piedras, que en la Edad Media española tuvieron casi siempre como mecanismo una gran palanca, en cuyo extremo superior se colocaba el proyectil y en el inferior un contrapeso capaz de alzarla bruscamente y despedir la gruesa piedra a la altura y a la distancia calculadas por el *maestro de ingenios*.

Podían llevar en el extremo una gran honda para voltear el proyectil y ganar altura, en cuyo caso la máquina era un *fundíbulo*. En cambio, los sitiados preferirán máquinas de tiro rasante, que atravesaban varias tiendas del campamento enemigo, como las que usaban los moros de Mallorca, a las que el rey Jaime I llama *algarradas*. En las crónicas aparecen otros nombres de máquinas *pedreras*, según sus tamaños y sus objetivos: *manganas* y *manganillas*, *almajaneques*, *trabuquetes*, *trabucos* y *brigolas*. Estas últimas eran giratorias a fin de poder cambiar la dirección del tiro. Con ellas se guarneció la muralla de mar de Barcelona cuando surgieron, en actitud hostil, las naves castellanas de Pedro I.

Otros ingenios se ponían en acción para acercarse al castillo, salvar el foso, derribar o quemar las puertas, escalar el muro y, en definitiva, penetrar en el recinto y dominarlo. A finales del siglo XIV empieza a retumbar la pólvora y Francesc Eiximenis nos dice que «la bombarda hace gran ruido y espanta mucho a las gentes». A lo largo del siglo XV se va perfeccionando el fuego de artillería, lo que obliga a cambiar la fisonomía del castillo.

Las almenas, separadas entre sí, se unen formando un parapeto corrido y de superficie convexa para rechazar los proyectiles. Se abren troneras en los muros para asomar por ellas las bocas de fuego. Y, finalmente, se renuncia a que la silueta señoree el paisaje y se opta por hundir sus volúmenes en tierra y reducir así, en lo posible, las superficies vulnerables de sus muros. En 1497 se pone la primera piedra del gran castillo de Salses, al norte de Perpiñán, en el Rosellón, que aún seguiría siendo español durante dos siglos, en esta disposición estratégica que acabará sometida con la fortificación abaluartada, codificada más tarde por el mariscal de Vauban.

Los castillos, con ello, dejaban de ser definitivamente residencias palaciegas y recuperaban en exclusiva su carácter castrense, habitados tan sólo por gente de tropa, sustituidos por extensas ciudadelas poligonales y guarnecidos por baluartes, revellines y hornabeques.

Cañones del Alcázar de Segovia, convertido en Real Colegio de Artillería en el siglo XVIII.

Cañones del museo de artillería ubicado en el castillo gótico de Ampudia (Palencia).

La suerte de los viejos castillos medievales fue muy desigual según los países. En Francia, gran parte de la nobleza se quedó en sus señoríos y renovó sus mansiones desde el primer Renacimiento hasta la Revolución, incluso en el siglo XIX, después de los grandes cambios políticos y sociales. Pero, en muchos casos, sintieron el amoroso orgullo de conservar su *donjon* u otras partes primitivas que testimoniaran la antigüedad y la excelencia del linaje.

En España, por el contrario, a partir de los Reyes Católicos, muy pocos son los próceres que se mantienen en sus dominios, pues la nobleza emigra a la corte. Casi todos quedan abandonados a su propio desmoronamiento o se convierten en canteras de las que los vecinos de los pueblos próximos sacan piedras para construir sus casas o las convierten en grava los contratistas que construyen las carreteras y las vías férreas. Muchos señores renuncian, de hecho, a una propiedad que sólo les reporta cargas fiscales.

Cierto es que algunas familias han mantenido con dignidad los castillos de sus antepasados, así como otros los han convertido en casas de labranza, habitadas por sus administradores o sus colonos para salvarlos de la ruina.

Pero la solidez de estas construcciones es tal que muchos de ellos han sobrevivido a las injurias del tiempo en mejor o peor estado, haciendo posible, en algunos casos, su restauración y utilización, mientras en otros ha habido que limitarse a consolidar unas hermosas ruinas.

Mucha mayor atención se dedica en España a los castillos a partir del decreto del 22 de abril de 1949, que los declaró monumentos históricos de interés nacional, responsabilizó de su vigilancia a los ayuntamientos y dictó otras medidas protectoras. En el medio siglo transcurrido, también se han recuperado otros gracias a la iniciativa privada, la que promueven entidades como la Asociación Española de Amigos de los Castillos, Hispania Nostra —integrada en Europa Nostra— y multitud de patronatos y grupos de carácter comarcal o local.

Ésta es la situación actual de los famosos castillos de España, que siguen y seguirán revitalizando el variado paisaje de sus tierras.

Examinemos ahora los tipos principales de la arquitectura militar española, repitiendo una advertencia realizada al principio. Cada castillo suele ser el producto de varios siglos, reconstruido varias veces por culturas superpuestas y contradictorias. Ha cumplido su función en muy distintas circunstancias históricas. No suelen corresponder a un mismo plan único de construcción. Pocas veces presentan un único estilo para definirlos como «románico», «gótico», «mudéjar», etc., salvo cuando han sido levantados de un solo empeño y con pretensiones artísticas, además de sus fines defensivos propios.

TIPOS DE CASTILLOS

No es sencillo hacer una clasificación que nos permita establecer con claridad el modelo de castillo que estamos considerando. Don Vicente Lampérez, para simplificar, ideó una clasificación elemental que puede servir de orientación. Distinguía, por una parte, castillos de planta regular y de planta irregular. Por otra, castillos de planta concentrada y de planta dispersa.

De planta regular son aquellos que adoptan una traza geométrica, sometidos a orden o simetría en la distribución de sus diversos cuerpos constructivos. Un proyecto de esta clase puede llevarse a cabo sobre un terreno llano; difícilmente sobre un risco. Sin embargo, hay excepciones y pondremos dos ejemplos de ellas.

Torre del homenaje y muralla del castillo de Torrelobatón (Valladolid), cuyo origen se remonta al siglo XIII.

La colina alargada y muy estrecha sobre la que se alza el castillo de Peñafiel (Valladolid), es como un podio para una fortaleza perfectamente regular y originalísima; una poderosa torre del homenaje cuadrada en el centro y dos largas alas de amurallamiento iguales adosadas a los lados de aquélla, hasta los dos extremos del montículo. Por el contrario, el castillo de Olite, corte de los reyes de Navarra, levantado sobre un suelo llano, adopta en planta y en alzado una total aunque armoniosa irregularidad, al parecer por capricho real y por afán de pintoresquismo.

Se entiende bien lo que quiere decir planta concentrada y planta dispersa. También están determinadas generalmente por las características del terreno y la necesidad de guarnecer, como es debido, los puntos que puedan ser más peligrosos por resultar accesibles a una hueste.

La dispersión de la planta agrega elementos defensivos que se alejan más o menos del núcleo central y principal, como corachas y caminos cubiertos, así como torres albarranas, destacadas fuera del muro, tan características en la fortificación hispánica.

En los castillos roqueros es imposible establecer clasificaciones ateniéndose a tipos más concretos, pues el terreno sienta las bases naturales de las que ha de servirse el arquitecto a la hora de utilizar su ingenio. En terreno llano, hay castillos que se parecen lo suficiente como para constituir un tipo. Por ejemplo, los de Castilla en la Baja Edad Media, consistentes en un recinto cuadrado, con una gruesa torre del homenaje, también cuadrada, alojada en uno de los cuatro ángulos de la muralla (Fuensaldaña, Villalonso, Torrelobatón, etc.) Aun éstos difieren entre sí por las diversas combinaciones de torrecillas y escaraguaitas que amenizan sus muros.

Los castillos españoles suelen estar rodeados de foso cuando el terreno lo permite, ya que aquél no tiene posibilidad ni sentido si la fortaleza está encaramada en un abrupto picacho. En cambio, hay lugares donde se considera tan necesario que no se duda en excavarlo penosamente en la dura roca. Tal es el caso de Peratallada (Gerona), donde esa piedra cortada del foso, y sin duda utilizada en la construcción, proporciona al sitio su topónimo catalán. No es único este método en que el foso es cantera de la obra.

En el clima español, la inmensa mayoría de los fosos son secos. Raras veces se dispone de un caudal de agua próximo para inundarlos, salvo cuando el castillo se construye a la vera de un río o de un arroyo y sirve de foso natural. La gran proa de Alcázar de Segovia se introduce en el ángulo formado por la confluencia del Eresma y el Clamores. Pero nuestra orografía y nuestra hidrografía no se concilian para ofrecer muchas ocasiones análogas.

En definitiva, los castillos españoles son variadísimos, tanto como los paisajes en que se asientan y a los que prestan un gran encanto. Además, su fisonomía es producto de varias culturas, que en ellos se suceden y se mezclan. Por eso, cada uno ha de ser estudiado en sí mismo según sus propias características, aunque desde luego puedan señalarse, al pasar, influencias y parecidos.

ANTECEDENTES DE LA FORTIFICACIÓN ESPAÑOLA

Como en toda la cuenca mediterránea, el primer elemento de fortificación parece ser la muralla con objeto de proteger el poblado. Se señalan muros levantados a tal fin acaso desde la Edad del Bronce. Se conocen bien los poblados ibéricos defendidos por murallas y todavía se sabe más de la magnífica lección de arquitectura militar que los hispanos recibieron de los romanos desde el siglo III antes de Cristo, con sus campamentos estables durante la conquista, que luego dan su traza a ciudades rodeadas de una muralla guarnecida, de trecho en trecho, por torres salientes de superficie curvada (Lugo, León, Zaragoza) o de planta cuadrada (Barcelona, Tarragona).

También dejaron los romanos algún edificio fuerte, como la gran torre residencial, de planta rectangular y de varios pisos, en el llamado «pretorio de Augusto» (o «de Pilatos»), en Tarragona. Pocas diferencias existen entre esta soberbia torre y un buen *donjon* medieval francés.

Así, pues, los modelos de la Edad Antigua se referían a fortificaciones que podemos llamar «públicas», al servicio de la población y de su gobierno.

Pero esto no es todavía el castillo, el *castellum,* que en el bajo latín es un diminutivo de *castrum,* el gran campamento fortificado. El castillo es fruto de una nueva organización social y no aparece, en el sentido que aquí le damos, hasta la Alta Edad Media.

Como en tantos otros aspectos de la cultura y el arte, los visigodos, que dominaron España desde los primeros años del siglo V hasta la invasión musulmana del año 711, no hicieron

Detalle de la Alcazaba de Almería, actualmente sobre un terreno árido, pero con jardines interiores y acequias de riego en la época andalusí.

más que aprovechar la lección romana. Si bien dejaron algunas iglesias originales e interesantes, en materia de fortificación parecen haberse limitado a reparar lo que dejaron los romanos o a repetir su ejemplo. Queda alguna puerta de muralla —como la llamada «de Sevilla» en Córdoba—, atribuida en su conjunto a la época visigoda, y poco más que sillares dispersos en muy diversos recintos —sillares bien encuadrados, pero más pequeños que los romanos—, como testigos de su presencia y de su atención hacia las obras defensivas.

Sistemas mucho más complejos y perfectos son los que llegaron de Oriente con la invasión musulmana. Ciertamente, en el Próximo Oriente existía una tradición milenaria de fortificación, por lo menos desde las famosas murallas de Babilonia, lo mismo que en las tierras prehelénicas, desde la legendaria Troya o la fortaleza de Tirinto, ésta ya en suelo europeo.

Añádase a ello los progresos que los bizantinos habían realizado sobre el sistema romano, con su conocimiento de lo oriental, y se valorará lo mucho que habían asimilado los árabes cuando campearon por aquellos países y los sojuzgaron antes de su vertiginosa travesía del norte de África, hasta saltar el Estrecho y poner pie en la vetusta Iberia.

Establecido su emirato en Córdoba, convertido pronto en califato independiente, Al-Andalus fue un centro de saberes, en las ciencias y en las artes. Si en lo religioso fue capaz el califato de crear el portento de la mezquita cordobesa y en lo civil modeló los deliciosos palacetes y jardines de Medina Azahara, en lo militar trazó fortalezas de imponentes dimensiones. No se trataba todavía de establecer frontera contra los incipientes y lejanos reinos cristianos del Norte, sino de establecer fuertes núcleos donde los invasores pudieran afirmarse en medio de un pueblo que, sin duda, los había recibido con franca hostilidad a causa de las diferencias raciales y religiosas.

El tipo básico de la fortificación islámica en ese tiempo es la alcazaba, con un esquema claramente derivado de las ciudadelas bizantinas.

La alcazaba es un recinto amurallado de gran extensión, flanqueado de trecho en trecho por torres salientes del paramento exterior. Estas torres son todas iguales en forma y altura. Tales torres son de muro curvado hacia fuera en algunas alcazabas, mientras que se alzan en otras sobre planta cuadrada. El espacio dentro de la muralla solía estar descubierto, casi por completo, con pocas edificaciones.

Podríamos poner como ejemplo característico de alcazaba el llamado castillo de Baños de la Encina (Jaén), con torres cuadradas y obra de los últimos tiempos del califato, ya que lo fecha en el año 986 una lápida que se guarda en el Museo Arqueológico Nacional de Madrid. No parece haber sufrido otra reforma que la torre más poderosa, en uno de sus extremos, añadida después de su conquista por los cristianos como indispensable torre del homenaje.

Pero en el interior del recinto de la alcazaba puede construirse un palacio, incluyendo jardines y toda clase de refinamientos. Surge, entonces, el palacio fortificado musulmán, que recibe el nombre de alcázar. Ésta es la máxima creación del arte islámico, pudiendo seguirse en España su evolución, paralela a las etapas históricas del islam en la Península.

Ciertamente no nos ha quedado ningún ejemplo de alcázar correspondiente a la época del califato, o sea hasta comienzos del siglo XI. Pero han quedado tres magníficos alcázares correspondientes a las otras fases del dominio islámico en nuestro suelo.

A la caída del califato, se forman los llamados «reinos de taifas» en torno a las ciudades principales. Una de las taifas con mayor poder fue la de Zaragoza, regida por la dinastía de los Banu Hud, constructores de la Aljafería, el primer gran alcázar hispanoárabe, levantado en el siglo XI. Dentro de un gran recinto de planta rectangular, guarnecido de torres de paramento exterior curvo, se sucedían los patios y los pabellones, en un estilo de gran fantasía y notable originalidad. Realmente, en la Aljafería nace un estilo fastuoso, con sus capiteles de canon muy alto, en los que las hojas de acanto clásicas que le dan su estructura se cubren con menuda ornamentación geométrica que los transfigura. Están labrados en fino alabastro de Aragón.

Complementan el soberbio efecto escenográfico las grandes portadas de yeso en que se cruzan los arcos mixtilíneos, formando las más imaginativas combinaciones.

Es lástima que en la restauración realizada en los años centrales de nuestro siglo no se hayan restituido al monumento los capiteles y las portadas que retienen los museos Arqueológico Nacional y el Provincial de Zaragoza, sin duda por normas o prejuicios de orden administrativo. Portadas y capiteles salieron de su emplazamiento para ser salvados y fueron recogidos en tiempos en que la Aljafería se convirtió en cuartel de tropa. Pero no encontramos razón que justifique su permanencia en los museos cuando ahora los reclama el sitio para el cual se hicieron, al recuperar su decoro monumental.

La Aljafería debió de tener una magnífica unidad de concepto y de ejecución en su fase musulmana a causa del poco tiempo que transcurrió hasta la desaparición de la taifa, a consecuencia de la reconquista de Zaragoza por Alfonso I el Batallador en 1118.

Esa unidad de estilo se rompió cuando los Reyes Católicos, en 1492, reformaron buena parte del palacio con una grandiosa escalera y varios salones, con bellos artesonados polícromos que culminan en el grandioso salón del Trono.

Capitel de mármol procedente del palacio de la Aljafería del rey de la taifa de Zaragoza, Al-Muqtadir, de mediados del siglo XI.

También dentro de murallas, con un recinto de considerable extensión que incluye maravillosos jardines, construyeron el Alcázar de Sevilla los reyes almohades, que en el siglo XII extendieron hasta Al-Andalus su imperio norteafricano. También ellos disfrutaron por poco tiempo de tan rica mansión, pues Fernando III el Santo se apodera de la ciudad en 1248. Por desgracia, del edificio almohade apenas queda otra cosa que el llamado «patio del Yeso», con sus tracerías de arcos mixtilíneos cruzados, de muy distinto acento que los de la Aljafería, pues los almohades aportaron nuevas influencias de Oriente.

En Sevilla, los reyes cristianos se enamoraron de la obra de los infieles y optaron por continuarla y ampliarla utilizando artífices moriscos, de modo que el conjunto, en su mayor parte, responde a varias etapas de lo que conocemos como arte mudéjar, o sea el realizado por moros, según su gusto y tradiciones, al servicio de cristianos.

El tercero y mayor de los alcázares hispanoárabes es La Alhambra de Granada, levantada entre los siglos XIII y XV por los nazaríes, últimos soberanos musulmanes en España. Allí todo mantiene su carácter original, excepto la incrustación del clasicista palacio de Carlos V, al que por su emplazamiento en aquel lugar se le ha calificado con certeza de «inoportuna maravilla».

En terreno abrupto y pintoresco, formando parte de un paisaje indescriptible por su grandiosidad y belleza, La Alhambra es uno de los lugares más sugestivos del mundo. Y en aquella fastuosa mezcla de palacios, jardines y torres, quizá sean éstas —todas cuadradas y enormes— las que con las altas murallas hacen prevalecer el carácter de poderosa fortaleza que es, antes que nada, este monumento impar.

Además de las alcazabas y los alcázares, que tan definitivos modelos dejaron en España, los musulmanes levantaron otras muchas construcciones militares de menores dimensiones, es decir, castillos propiamente dichos, con variantes como las zudas, que son palacios menores o edificios oficiales, así como las rápitas o rábidas, que son conventos o casas de oración provistas de fortificación, palabras ambas que han quedado en la toponimia española.

Vista general de La Alhambra de Granada, constituida por tres sectores: la alcazaba, la zona residencial y la medina.

El prefijo *calat,* que aparece en tantos nombres de lugares —Calatayud, Calatrava—, responde a la existencia de un castillo árabe, seguido de la denominación que tuviera la fortaleza. Por último, hay que mencionar las numerosas atalayas, torres de observación y de defensa, esparcidas tanto por el litoral como por las montañas.

CASTILLOS DE LA PRIMERA RECONQUISTA

Los musulmanes fueron maestros en el arte de la fortificación y su lección fue bien aprovechada por sus enemigos cristianos.

Ya nos hemos referido a los precedentes antiguos, en especial los romanos, de los que los visigodos dispusieron, pero que no emularon, sino que, al parecer, se limitaron a servirse de sus ruinas y a realizar algunas reconstrucciones parciales. Repito que nos han quedado muy pocos testimonios para poder formar una opinión cierta.

Es seguro que los primeros núcleos de resistencia contra el invasor musulmán —el reino de Asturias con Galicia y León, Navarra, Aragón, los condados catalanes—, contaban con poquísimos recursos en materia defensiva, lo que aún hace más meritoria su gesta.

Es cierto que encontramos las palabras *castrum y castellum* en documentos de los siglos IX y X, pero no sabemos muy bien cómo eran esos castillos. Ya por esa época tenemos la evidencia de algún foso abierto con mucho esfuerzo en la roca viva —Peratallada en Gerona, por ejemplo— y algunos muros que pueden atribuirse a esos tiempos. Pero, por entonces, debía ser frecuente la fortificación de madera, formada básicamente por empalizadas.

Alrededor de castillos algo posteriores, con relativa frecuencia se hallan tallados en la roca agujeros semiesféricos poco profundos, con diámetros que varían entre los 20 y los 40 centí metros. Son, sin duda, los puntos donde fijar los postes que habían de sostener la empalizada. Hemos visto bastantes en Cataluña y en castillos muy antiguos, como Peratallada o Aramprunyá. Los payeses, que atribuyen al moro todo lo que parece extravagante o de difícil explicación, lo llaman *«capades de moro»,* como si el moro diera un cabezazo en el suelo y dejase la impronta de su poderosa testa. Los castillos de piedra, con sus elementos fundamentales, que son la torre y la muralla, tienen ya fisonomía propia al comenzar el siglo XI. Como ya se ha dicho, basta una torre de planta circular o de planta cuadrada cercada por un muro y un espacio no muy extenso a su alrededor llamado albacar.

El origen y la función de ese modestísimo y elemental castillo quedan patentes en un documento del conde de Barcelona, Ramón Berenguer I, quien realiza una donación a dos vasallos suyos el 11 de enero del año 1038. Traducido del original en latín, dice:

«Así damos y hacemos carta de nuestra tierra yerma que está frente a las gentes de los ismaelitas, donde ningún hombre habita ni ara con bueyes, para que la construyáis y labréis bien a fin de que dé frutos, y allí fabriquéis un castillo así como casas, y allí hagáis fuerza contra las gentes de los ismaelitas...»

La rudimentaria prosa describe, con todo realismo, la situación en el país tras un avance de los cristianos. Los moros han huido, acaso llevándose con ellos cautiva a la población cristiana. No queda marcada entre ambos enemigos una línea fronteriza, sino una dilatada franja de terreno abandonado e incluso arrasado.

Hay que volver a empezar en esa tierra ganada, pero que aún continúa bajo el peligro de alguna reacción ofensiva musulmana. Hay que cultivarla y darle vida de nuevo. También hay que estar dispuesto a defenderla y para ello es preciso fortificarla. Los que la van a cultivar y a ser sus señores se obligan, ante todo, a construir un castillo, muy modesto sin duda, pero que ha de alzar su torre para señalar que allí hay un señorío.

Van avanzando los castillos, situándose como peones sobre el tablero ibérico, va creándose una nobleza que jerarquizará la sociedad. La torre será el símbolo y se llamará del homenaje, porque en ella rinden vasallaje a su señor quienes en el mismo acto reciben el compromiso dominical de ser protegidos en la paz y en la guerra.

El castillo cumple varias funciones. Crea una situación jurídica que admite algunas variantes.

Vista exterior del castillo de Ampudia (Palencia), levantado en el siglo XV y restaurado a partir de 1960.

Interior de la mazmorra del castillo gótico de Ampudia (Palencia).

No vamos a entrar ahora en un estudio, que corresponde a la Historia del Derecho, sobre la evolución de la sociedad medieval y de los vínculos legales que unían a las distintas clases, desde el monarca hasta el siervo, en una jerarquía que alcanza su mayor rigor en aquellos países en que rigió el sistema feudal.

Baste con decir que hay castillos que el soberano se reserva y habita cuando le conviene o le place. Otros castillos reales son dados en tenencia a un señor. Hay también castillos de señorío en los que treinta y un nobles propietarios ejercen las funciones que le han sido conferidas para el territorio bajo su jurisdicción. Algunos de ellos porfían por el triste privilegio de poder levantar horcas en sus castillos, lo que significa tener en su mano la justicia de carácter penal. Los castillos, como las tierras, se ceden en feudo o en alodio, según estén gravados o no con cargas señoriales. Se compran y se venden, se disputan, a veces se retienen contra derecho y originan pleitos y aun luchas armadas.

Pero, en definitiva, aparecen al principio como puntos avanzados y fuertes en la gran empresa de la Reconquista. Son las avanzadas de las repoblaciones en los territorios abandonados por el islam, a veces tan extensos como el que se llamó «desierto del Duero», antes del siglo XI.

Vista del castillo de Almodóvar del Río (Córdoba), de origen árabe y reedificado en época gótica.

Vista de la población de Morella (Castellón) con el castillo y las murallas. La población fue declarada conjunto histórico-artístico en 1963.

Vista general del castillo de Molina de Aragón (Guadalajara), de origen árabe, pero reconstruido en los siglos XII-XIII.

Cuando el castillo se implanta en un lugar que ha de ser repoblado, le competen otras funciones además de la bélica. Se convierte en el centro de la actividad repobladora: atrae nuevos habitantes, adjudica tierras que ha de cultivar cada uno, procura que acudan artesanos de oficios indispensables para servir a los vecinos, organiza la administración y la justicia. En torno a los principales castillos se forma un pueblo. El castillo está en lo más alto de un montículo y muchas veces su capilla hace también las funciones de iglesia parroquial. Las casas se construyen escalonadas por la ladera hasta el llano.

Si el señorío dispone de recursos, se construye una muralla que encierre y defienda todo el casco urbano, empezando y terminando su recorrido en los mismos muros de la mansión del señor. Acaso el rey conceda un fuero o una carta puebla ofreciendo privilegios y ventajas a los repobladores. En ocasiones, peregrinos que proceden de lejanas tierras hacia Compostela por el Camino de Santiago, encuentran allí un buen sitio para habitar y se quedan. A éstos se les llamará «francos», sea cual sea su país de origen; a veces se instalan en una misma calle, a la que dan nombre, y llegan hasta constituir un barrio propio.

De esta manera, muchos castillos son el germen de poblaciones a las que otorgan su fisonomía, noble y bizarra, fielmente conservada hasta hoy, en lugares como Valderrobres (Teruel), Morella (Castellón) y tantos otros. Éstos son los castillos que podríamos llamar «urbanos», los que desde la altura presiden núcleos habitados. Pero hay también —y en mayor número— castillos solitarios, rodeados tan sólo por el paisaje. Son los castillos roqueros, encaramados sobre una altura difícilmente accesible, como vigías que dominan una gran extensión de terreno y pueden otear los movimientos de cualquier supuesto enemigo. Otros están junto a un camino o un paso en el que convenga identificar a las gentes que lo atraviesan.

Los castillos situados en villas y pueblos son preferentemente residenciales, sobre todo en la Baja Edad Media. En los castillos aislados estaban habitualmente unos pocos hombres de armas —acaso no más de dos o tres— para ejercer vigilancia, pero se reforzaban con una guarnición más numerosa en caso de conflicto.

Cuando el terreno lo requiere, se forman líneas de atalayas y también líneas de castillos. La atalaya es una torre sin más aditamento ni misión que la vigilancia. Se construyen sobre elevaciones del terreno en puntos que den vista a los dos contiguos, de tal modo que formen una cadena visual y puedan comunicarse de noche mediante hogueras y de día con humaredas u otro medio al alcance de la vista.

En cuanto a las líneas de castillos, tienen por objeto constituir una sólida barrera en un territorio de especial interés estratégico. Pondremos un ejemplo que nos parece singularmente expresivo: la línea del río Tordera. Su corriente va de oeste a este hasta el Mediterráneo, a cincuenta kilómetros escasos al norte de Barcelona. Es, por decirlo así, un foso natural, a prudente distancia de la capital del condado que alcanzó la hegemonía sobre los demás de Cataluña. El Tordera es para la ciudad una defensa contra las invasiones que vinieran desde arriba.

Ilustración perteneciente a las *Cantigas* de Alfonso X el Sabio (siglo XIII), en la que unos soldados defienden una ciudad amurallada.

Sale el río por detrás del formidable macizo del Montseny, que ya es buena defensa, pero luego atraviesa tierras más llanas y accesibles hasta desembocar junto a Blanes. En su recorrido atraviesa la Vía Augusta de los romanos, que llevaba desde Roma hasta Cádiz, utilizada aún, por supuesto, en la Edad Media, y todavía hoy coincidente con bastante aproximación al trazado de la moderna autopista. Unos cuantos castillos guarnecen el río y lo vigilan siguiendo el curso de sus aguas hasta el Mediterráneo. En primer lugar, citan los documentos un castillo de las Agudas, cuyo emplazamiento no ha sido identificado, pero que estaría próximo a la alta cima que le da nombre y que se alza a unos 1.700 metros sobre el nivel del mar, por lo que avistaría una inmensa extensión hacia el norte y el este. En niveles mucho más bajos están, frente a frente, los pequeños castillos de Fluviá y de Montclús, cerrando el paso hacia el país de Osona, en el llano de Vic. Más adelante, el que da nombre a la comarca de Palautordera, al que acaso corresponde la torre cilíndrica convertida en campanario de la iglesia parroquial. En altura muy destacada, por encima del pueblo de Breda, está la enorme fortaleza de Montsoríu, con descomunal torre del homenaje y fuertes murallas en sus varios recintos. Hostalric es el punto en que la Vía Augusta cruzaba perpendicularmente el cauce del Tordera; era, pues, el punto más débil de la línea y, por tanto, el más guarnecido. La villa de Hostalric estaba totalmente amurallada (todavía hoy en gran parte) con frecuentes torres cilíndricas en el muro y descollando, respectivamente, en los extremos septentrional y meridional, la llamada *«torre dels Frares»,* de inusitado volumen y una fortaleza grande sobre un montículo, enlazada por la muralla general de la población.

Y, en dirección al mar, aún quedan otros castillos, como el muy importante de Palafolls, hasta llegar a Blanes, a la sombra del castillo de San Juan, y teniendo dentro del casco urbano el gran palacio fortificado de los vizcondes de Cabrera. Pues esta familia poseía varios de estos castillos y gozaba de la confianza del rey, así como era responsable de la defensa de la línea apoyada en el río Tordera, al que hemos considerado como el foso natural para la defensa de la ciudad de Barcelona. Nos hemos detenido en el análisis de este sistema defensivo porque nos parece muy expresivo de la manera en que se complementaba la disposición del terreno, aprovechando sus accidentes y acomodándose a ellos para situar los castillos y constituir una gigantesca barrera. Observaciones análogas podríamos realizar en otros lugares de España.

Vista del Alcázar de Segovia, con los vistosos tejados y chapiteles de pizarra, ejecutados bajo el reinado de Felipe II.

ALCÁZARES REALES

La palabra *alcázar,* cuya significación de «palacio fortificado» entre los musulmanes ya hemos visto, fue adoptada por los cristianos con el mismo sentido, aunque no con idéntico desarrollo. Las residencias regias que por antonomasia se llaman alcázares son las de Sevilla, Segovia y Toledo. Podría darse este nombre a otros edificios que, con la misma función, pasaron de manos islámicas a las de los soberanos cristianos, como la Aljafería de Zaragoza y la Almudaina de Palma de Mallorca.

Del Alcázar de Sevilla ya hemos hablado y sabemos que fue fundado en el siglo XII por los reyes almohades. Pero también hemos apuntado que de él tomaron posesión los reyes de Castilla desde el momento en que Fernando III el Santo conquistó la ciudad. Mantiene su carácter castrense en el extenso muro con torres cuadradas que lo rodea. Sin embargo, ya hemos mencionado que de la obra almohade apenas queda otra cosa que el patio del Yeso. Con todo, predomina el carácter morisco en las construcciones levantadas por Pedro el Cruel y algunos de sus sucesores, hechizados por el refinamiento que habían encontrado en la mansión de sus enemigos. Y mantuvieron el trazado de los jardines, divididos en numerosos y pequeños compartimentos, propicios a la intimidad y el recogimiento, aunque sus plantaciones, con el tiempo, fueran evolucionando hacia otros gustos. El Alcázar de Sevilla nunca ha perdido su función de alojamiento de reyes, pues en él habitan en ocasiones los actuales de España e, incluso modernamente, se han celebrado allí bodas de personas reales.

En cambio, el Alcázar de Segovia tiene una fisonomía totalmente opuesta. Tal como lo vemos, es una fortaleza medieval empinada sobre un espolón rocoso, sin espacio para jardines en los abruptos declives que lo rodean. Claro que tan estratégico lugar debió de ser habitado y fortificado en épocas mucho más remotas, pero fue Alfonso VI quien inició su construcción a finales del siglo XI, sin duda sobre cimientos más antiguos, y Felipe II quien mandó poner los exóticos chapiteles de pizarra. De alcázar tuvo los suntuosos salones, en los que también se aprecia el gusto de los monarcas castellanos por la decoración morisca, en los frisos de yeserías y en la madera de los techos. Pero dejemos su descripción, como la de los demás alcázares, para los lugares que le corresponden en este libro. Perdida su dedicación residencial hace muchos siglos, fue hasta mediados del nuestro sede de la Academia de Artillería y ahora es monumento decorosamente restaurado, que se ofrece a la consideración de los estudiosos y a la curiosidad de los turistas.

En cuanto al Alcázar de Toledo, cabe decir algo parecido a lo anotado en Segovia. Situado en lo más alto de la ciudad, tampoco tiene espacio exterior para jardines. No se sabe a ciencia cierta la estructura de la fortaleza, que sin duda hubo anteriormente en su solar, pues lo que conocemos es la reconstrucción total llevada a cabo por el emperador Carlos V en hermoso estilo renacentista. Fue erigido para ser centro del mayor imperio de su época, aunque su soberano lo habitara poco, siempre viajando por sus extensos dominios. Modernamente se instaló allí la Academia de Infantería, hasta la Guerra Civil de 1936 a 1939, en cuyos primeros meses superó un durísimo asedio que destruyó una gran parte del edificio. Después se reconstruyó para quedar como monumento histórico y artístico.

Puerta Real del recinto interior del monasterio de Poblet (Tarragona), fechada en el tercer cuarto del siglo XIV.

CASTILLOS DE LAS ÓRDENES MILITARES

En rigor, se podría hablar de castillos de la órdenes religiosas más antiguas. Son muchos los monasterios que se rodean de un muro, que a veces es una simple tapia en torno a su recinto, pero que, en ocasiones, se convierte en una verdadera muralla con todo su montaje de almenas, camino de ronda, matacanes e incluso torres de flanqueo. Recordemos, por ejemplo, la bella torre sobre la puerta de entrada —mal llamada «del homenaje»— en el cisterciense monasterio de Piedra, en Aragón. De la misma orden es el que destaca entre todos por su aparato defensivo: Poblet, en la Cataluña Nueva, fundada hacia el año 1150, aunque su fortificación corresponde a épocas más tardías.

El recinto interior o núcleo residencial de la abadía contaba con iglesia, claustros y toda clase de dependencias, algunas de las cuales se destinaban a habitación ocasional de los reyes de Aragón. Eran, casi desde el principio, las llamadas «cámaras reales», al fondo de todo el conjunto arquitectónico. Para sustituirlas se levantó, a comienzos del siglo XV, el amplio y suntuoso palacio gótico del rey Martín el Humano, que no llegó a terminarse.

Pero años antes, Pedro el Ceremonioso, en el siglo anterior, había realizado el plan completo de fortificación de la abadía, con altas murallas provistas de anchas almenas con garfios, torres de flanqueo cuadradas en las cortinas y poligonales en las esquinas del recinto, además de la magnífica puerta Real, cuyo arco de grandes dovelas se abre entre dos imponentes torres ochavadas.

El segundo recinto se enriqueció más tarde con la elegante puerta Dorada, bajo matacán y con las armas de su constructor, el abad Payo Coello. Todavía hay un recinto exterior o primero, al que se accede por la puerta del Reloj, aunque con muro mucho más modesto que el del tercer recinto. En todo caso, la abadía de Poblet ofrece un sistema defensivo digno de la más importante fortaleza.

Otro tanto podría decirse de algún otro monasterio español, como el de los jerónimos de Guadalupe, en Extremadura, dentro del irregular trazado de una muralla construida en varias épocas, guarnecida por torres cuadradas y torrecillas cilíndricas.

Podríamos remontarnos a casas religiosas más antiguas para ver cómo en San Pedro de Roda se enfrenta la torre de campanas con la torre militar. O invitar al lector a que vea, en el lugar correspondiente de este libro, el más bello y mejor conservado de los castillos románicos, el de Loarre (Huesca), que ya existía en 1071, habitado por monjes que seguían la regla de san Agustín y cuya arquitectura es puramente militar, ya que era una avanzada contra los musulmanes que dominaban Huesca, sin que se aprecie su carácter monástico más que en la importancia de la iglesia que, con su cripta, es la dependencia mayor de tan original monumento.

Pero no vamos a referirnos a los monasterios que, por razón de su emplazamiento y por vicisitudes históricas, se revisten de elementos tomados del arte castrense de la fortificación. Vamos a ver ahora los castillos levantados por las órdenes militares, cuyo origen está en los cruzados que luchaban en Tierra Santa a finales del siglo XI, constituidas por monjes caballeros que hacían compatible su acción en la guerra contra el infiel con sus votos religiosos. Fundados en Jerusalén los hospitalarios y los templarios, también acudieron a la Reconquista española, que era igualmente una cruzada contra el islam y se establecieron en suelo ibérico. Pero, además, en los reinos hispanos llegaron a crearse otras órdenes militares, alguna de las cuales desapareció pronto o fue absorbida por las cuatro principales que subsistieron y todavía existen en nuestro tiempo con carácter nobiliario: las de Calatrava, Santiago, Alcántara y Montesa.

Los templarios parecen haber tomado a su cargo, como misión propia la protección de los peregrinos que hacían el Camino de Santiago hacia Compostela, pues a lo largo de él vemos algunas casas suyas, como la rara iglesia poligonal de Eunate, en Navarra, o el monumental templo con tumbas de ilustres templarios castellanos en Villalcázar de Sirga. Pero donde se manifiesta todo su carácter es en el extenso castillo de Ponferrada, en lo alto de la ciudad leonesa de este nombre, dominando a pico por la vertiente opuesta el paso de la ruta de peregrinación por el puente férreo que le dio su topónimo, tendido por un obispo medieval sobre el río Sil. También los vemos, en la primera mitad del siglo XII, participando en la reconquista de la Cataluña Nueva, levantando allí muchas casas con castillos tan importantes como Gardeny, junto a la ciudad de Lérida o Miravet, sobre un impresionante recodo del Bajo Ebro. O avanzando con Jaime I hacia el Mediterráneo, y plantando su fortaleza dentro del mar, sobre el tómbolo de Peñíscola. Aún intervendrán, como veremos, por tierras de Castilla la Nueva en el gran empuje reconquistador del siglo XIII. Y cuando llega la gran catástrofe de la persecución y la disolución de la orden, sus castillos pasan a la Corona de Castilla, mientras en Aragón son cedidos a los hospitalarios, en cuya orden se admite a los antiguos templarios que lo deseen, ya que el rey aragonés estuvo hasta el último momento al lado de los caballeros y sólo procedió a su disolución cuando las disposiciones del papa le obligaron.

El gran despliegue de las órdenes militares y el apogeo de sus castillos tuvo lugar en la Baja Castilla, de donde partió la cruzada contra los almohades, y se interrumpió en buena parte de Andalucía en la primera mitad del siglo XIII durante los reinados de Alfonso VIII, Fernando el Santo y Alfonso X el Sabio.

Las órdenes se extienden a lo ancho de la Península, teniendo cada una su territorio para el avance.

Cuando a una reunión eclesiástica que se celebraba en Toledo, llega la noticia de que los templarios abandonan el castillo de Qalat-Rabah por no tener fuerzas suficientes, se ofrece a hacerse cargo de tan importante fortaleza el abad cisterciense de Fitero, dom Raimundo, con un grupo de caballeros a los que reúne en la que será orden de Calatrava, castellanizando el nombre árabe del lugar donde tuvo su origen. Pronto pudieron construir un castillo más avanzado, que será la casa madre y se llamará Calatrava la Nueva, en posición inexpugnable, con iglesia que tiene en su fachada el rosetón típico de la arquitectura cisterciense, pues la orden caballeresca también se acogió a la regla de san Bernardo.

La orden de Alcántara operaba por tierras de Extremadura, con su sede principal en el convento de San Benito de la ciudad que le prestó su nombre.

Los caballeros de Santiago recibieron de Alfonso VIII el castillo de Uclés (Cuenca) y éste fue punto de partida de sus acciones bélicas que les llevaron a ser la fuerza decisiva para la toma de la ciudad de Sevilla por Fernando III en 1248. Los sanjuanistas de la orden del Hospital de Jerusalén señoreaban la ciudad de Alcázar de San Juan, de tal modo que tres órdenes castellanas y dos internacionales cubrían de oeste a este la frontera contra los árabes, en esa prolongada campaña que se sucede desde la expedición de las Navas de Tolosa, en 1212, a la conquista de Sevilla, la Alta Andalucía y el reino de Murcia, definitivamente incorporado a Castilla por Alfonso X, a quien se lo entregó su suegro el rey Jaime I de Aragón.

Así, pues, en la reconquista castellana participaron coordinadas tres órdenes del país y las dos internacionales más antiguas. En cambio, en la Corona de Aragón, además del Temple y del Hospital, tuvo mayor preponderancia la orden del Santo Sepulcro. De las que allí nacieron subsistió y absorbió a alguna otra la orden de Montesa, de cuya inmensa fortaleza, sobre el pueblo valenciano del mismo nombre, quedan imponentes ruinas. No quiere esto decir que las cuatro órdenes hispánicas se limitaran a actuar en sus propios reinos, sino que también tenían posesiones en otros. Sirva de muestra el castillo de Alcañiz (Teruel), que era de la orden de Calatrava y en cuya parte medieval hay pinturas que narran la conquista de Valencia por Jaime I; más tarde se le añadió un gran convento en el estilo renacentista aragonés de ladrillo.

Los castillos de las órdenes militares difieren, como es lógico, de los castillos señoriales no por los elementos de arquitectura militar, sino por su distribución como residencia en la que no habitan mujeres. Las estancias son más propias de un convento. Por supuesto, cuentan con sala capitular, aunque en general carecen de claustro. En la construcción de los mejores de estos castillos se observa la influencia cisterciense en toda su austeridad.

CASTILLOS GÓTICOS Y MUDÉJARES

Hemos citado antes algún castillo clasificable como de arte románico y nos referíamos, especialmente, a casos como el de Loarre, que era de monjes agustinos, o bien al de Cardona que, aun siendo señorial, alberga una gran colegiata en su recinto. Esto quiere decir que los caracteres estilísticos se manifiestan sobre todo en los templos y en su ornamentación. En cambio, la fortificación pura tiene, claro está, el carácter de su época, pero carece de pretensiones artísticas. Según los tiempos, predominan las torres cuadradas o las cilíndricas, aunque también coexisten ambos tipos. Evoluciona la forma de las almenas: rectangulares, escalonadas, cuadradas, con garfios para montar defensas complementarias de madera, macizas o rasgadas en su centro por una saetera, etc., etc. Pero son formas que podríamos considerar «técnicas», no pertenecientes al repertorio de un estilo artístico.

Toda esta argumentación deja de ser válida en cuanto el castillo inicia su transformación en palacio, fenómeno claramente apreciable desde el siglo XIII. Ya nos hemos referido a las bri-

Torre del recinto amurallado del castillo de Peratallada (Gerona), levantada directamente sobre la roca cortada.

Combate entre musulmanes y cristianos pintado en el atrio de la iglesia del castillo de Alcañiz (Teruel) a finales del siglo XIII y principios del XIV.

llantes campañas de reconquista en esa centuria, con la bien articulada intervención de las órdenes. Éstas ganan la posesión de inmensos territorios y alcanzan gran poder.

Pero también los señores que participaron se han enriquecido con el botín ganado y las mercedes que han recibido. En cierto sentido, las campañas se preparan como si se constituyera una sociedad por acciones. El rey convoca a la empresa bélica y los nobles acuden aportando lo que tienen: mesnada, armas y pertrechos de guerra, víveres, dinero. Todo ello se contabiliza y se tiene en cuenta de cara al resultado final. Véanse los repartimientos de tierras realizados por Jaime I de Aragón tras las conquistas de Mallorca y del reino de Valencia. O la distribución de tierra en Andalucía, lo mismo en esa época que en la de los Reyes Católicos, dando origen al latifundismo del suelo andaluz que subsiste en nuestros días.

Ahora quedan muy lejos del enemigo musulmán aquellos vetustos castillos de donde partieron los caballeros y a los que regresan. Es la hora de su renovación y se cuenta con medios para acometerla. En ellos habrá más concesiones al gusto estético, al bienestar y a la opulencia.

Durante ese tiempo, además, ha evolucionado el arte y ya no se dedica casi exclusivamente a los edificios religiosos, sino que va apropiándose también de la arquitectura civil.

De Francia ha llegado la influencia del gótico, que los españoles adoptan a su manera, sin renegar de sus formas tradicionales. Pero lo que dará su carácter privativo al arte español de esos siglos es la colaboración de los numerosos moriscos que se han quedado a vivir y a trabajar en las tierras reconquistadas. Son magníficos alarifes o constructores y también tienen un sentido original y exquisito de la decoración. Construyen en ladrillo, decoran con yeserías en relieve de fantástico trazado, adornan los techos de madera con las más ingeniosas combinaciones geométricas. Y dignifican la humildad de los materiales empleados con oros y colores pintados y con vistosos azulejos polícromos. Se crea, así, ese arte mudéjar mediante el cual los moriscos interpretan a su gusto los estilos cristianos desde el último románico hasta el Renacimiento.

Vasconia, donde tienen, muy cerca de Vitoria, la casa solar de su apellido. El más simple y equilibrado modelo de castillo: la gran torre cuadrada dentro del recinto, también cuadrado con torreones cilíndricos en las cuatro esquinas. En cambio, el castillo de Manzanares el Real, cerca de Madrid, de los López de Mendoza, marqueses de Santillana, será el más adornado con los primores de un estilo híbrido entre los últimos esplendores del gótico, la gracia decorativa del mudéjar y las anticipaciones de ese Renacimiento de cuño español al que se llamará «plateresco».

Muchos castillos y edificios diversos construyen los Mendoza por toda Castilla y, especialmente, por sus extensos dominios alcarreños. Y son los primeros en tomar a su servicio arquitectos innovadores, que traen a España la corriente renacentista italiana. Un Mendoza, el marqués del Zenete, confía a arquitectos italianos la construcción del castillo de La Calahorra, en tierras granadinas, con trazas defensivas de tradición medieval y recursos arquitectónicos plenamente renacentistas, que culminan en el soberbio patio central con arcos de medio punto y capiteles clásicos. Se construyó entre los años 1509 y 1512.

En la misma época, los marqueses de los Vélez —quizá en competencia con Zenete— levantan su castillo de igual tendencia artística en Vélez Blanco (Almería). Su precioso patio, comparable al de La Calahorra, ha sido trasladado pieza por pieza y reconstruido íntegramente en el Museo Metropolitano de Nueva York.

Pero había pasado el tiempo de los castillos, reemplazados por la incipiente fortificación abaluartada en edificios que sobresalen lo menos posible del suelo y que ya no son mansiones señoriales, sino ciudadelas habitadas exclusivamente por tropas.

Sin embargo, los castillos del corazón de Castilla tuvieron un gran protagonismo bélico en la llamada «guerra de las comunidades» —o sea, la rebelión popular alentada por la pequeña nobleza—, de 1520 a 1522, contra los gobernantes flamencos que Carlos V había traído a España con la pretensión de reponer en el trono a la pobre Juana la Loca, tantos años retirada en el palacio-convento de Tordesillas. Se sabía cuáles eran los castillos comuneros y cuáles los afectos al rey emperador. Se asaltaban unos a otros, pero la guerra se decidió a campo abierto en la batalla de Villalar.

Y todavía los castillos españoles, muchos de ellos ruinosos, se llenaron de guerrilleros que, desde sus muros, hicieron frente a los soldados napoleónicos desde 1808 a 1814. Antes hemos aludido a la voladura de Olite, pero a juzgar por los grabados de época, la destrucción más espectacular fue la del gran castillo que coronaba la ciudad de Burgos.

Acciones defensivas y ofensivas hubo aún en los vetustos castillos durante las contiendas carlistas del siglo XIX y hasta en la Guerra Civil de 1936 a 1939.

Los castillos no sólo decoran y humanizan el paisaje español, sino que sustentan y animan su historia. Está España en sus castillos.

LA VIDA EN EL CASTILLO

«La guerra es bella.» He aquí una proposición que nadie se atrevería a formular en nuestro mundo de pacifistas, donde más que nunca proliferan las guerras. En el tiempo de los castillos eran populares unas coplas en las que la belleza de una dama se ponía en comparación con otras cosas tenidas por bellas. Un par de estrofas dicen así:

Escenas de una batalla perteneciente a las *Cantigas* de Alfonso X el Sabio (siglo XIII).

Página siguiente:
Cortesano jugando al ajedrez, pintado entre 1396 y 1408, en la bóveda de la sala de los Reyes de La Alhambra de Granada.

«Digas tú el marinero
que en la nave vivías
si la nave o la vela o la estrella
es tan bella.
Digas tú el caballero
que las armas vestías
si el caballero o las armas o la guerra
es tan bella.»

El caballero ama la guerra, sus armas, su caballo, porque en ello está su vida; es su oficio. De este modo sirve a unos ideales que considera altos y nobles, que le proporcionan la honra. Y, además, según hemos dicho antes, en la guerra provechosa está el medio de prosperar en fortuna y poder.

Se dan las fechas de 1212 y de 1213 para el regreso de Diego Marcilla —el desdichado amante de Teruel— a su ciudad, dispuesto a casarse con Isabel Segura. Estoy convencido de que Diego, desdeñado por el padre de Isabel, quien tal vez fuera un converso rico, a causa de su hidalga pobreza con buen linaje navarro, había marchado a la cruzada de las Navas de Tolosa y regresaba con el caudal necesario para que no se le pudiera negar la mano de su amada. Por desgracia, llegó tarde y todo terminó en la terrible tragedia romántica que conocemos.

El caballero no tiene un trabajo diario; eso corresponde a sus vasallos que, cuando el señor lo ordene, dejarán las herramientas y tomarán las picas para seguirle en la mesnada.

En cuanto a la mujer, tiene papeles muy definidos que cumplir en el castillo, como en cualquier otro hogar. El Arcipreste de Hita, gran conocedor del asunto, considera perfecta a la que es:

«En la cama muy loca, en la casa muy cuerda.»

¿Cómo emplea su tiempo el caballero en el castillo en paz? Preparándose para la guerra. Sus deportes favoritos son simulacros bélicos.

En primer lugar la caza, que puede practicar casi a diario en los abundantes bosques que en aquella época cubrían grandes extensiones hoy desarboladas: el encuentro con un jabalí, un oso, un lobo constituían un excelente entrenamiento para el combate.

De ahí que en el castillo haya perreros que adiestran las jaurías y halconeros que cuidan la alcándara donde están las aves de presa. Hay tratados que instruyen sobre la montería y la cetrería, así como disposiciones regias que regulan el ejercicio de ambos métodos de caza, estableciendo los privilegios de los nobles y los derechos de los plebeyos.

Hay fiestas sociales para que el señor muestre su magnificencia y su generosidad, donde se come, se baila la baja danza, dando pasos, y la alta danza, con saltos. Ya hemos aludido a la frecuente presencia de trovadores y juglares en estas pequeñas cortes. Pero acaso predominan los ejercicios físicos en la que los caballeros lucen su gallardía y habilidad como jinetes, ya sea lanzándose a todo galope a ensartar en sus lanzas anillas y cintas o golpeando el estafermo, un muñeco que al impulso de la lanzada gira violentamente en torno a un eje.

La mayor fiesta es el fiel simulacro de batalla en que consisten las justas y los torneos: se enfrentan dos caballeros en las primeras y dos bandos o cuadrillas en los segundos. Si el castillo cuenta con un recinto amplio, las lizas se establecen dentro de la muralla. En caso con-

Arnés del siglo XV, conservado en el Museo de la Armería de Vitoria.

trario, servirá a tal objeto algún prado cercano al castillo. Las lizas se rodearán de tribunas para los espectadores y tiendas de campaña para servicio de los caballeros. Los que han convocado el torneo o las justas son los mantenedores, pues están en su terreno; los que vienen de fuera, dispuestos a luchar. La minuciosa reglamentación y el riguroso ceremonial que regían estas fiestas pueden verse en acción a través de la crónica de *El Paso Honroso,* de don Suero de Quiñones, hecho de armas que dicho caballero leonés llevó a cabo, previa licencia del rey Juan II de Castilla, para redimir el voto que, por amor a una dama, había hecho de llevar una argolla de hierro al cuello todos los jueves del año.

No podemos alargar la descripción de estas costumbres caballerescas que, como hemos dicho, constituían una eficaz preparación para la guerra.

No se piense por ello que la vida en los castillos provocaba tan sólo el embrutecimiento de sus moradores. Muy al contrario, la época imponía una refinada espiritualidad, en el sentimiento religioso, desde luego, pero también en las relaciones humanas que se cifran en lo que se ha llamado amor cortés. Y en el culto a las letras, especialmente la poesía. Caballeros esforzados en la guerra escribieron páginas memorables de nuestra literatura. Pensemos en el infante don Juan Manuel redactando sus encantadoras prosas en el castillo de Peñafiel (Valladolid). O en el marqués de Santillana componiendo sus célebres serranillas por la sierra de Guadarrama, mientras al pie de esos montes, donde fugazmente se enamora, se construye su castillo de Manzanares el Real. Jorge Manrique, que tan sentidamente lloró en verso la muerte de su padre, cayó herido de muerte ante los muros del castillo de Garcimuñoz (Cuenca). Por no hablar de Alfonso X el Sabio, a quien sus victoriosas campañas le dejaron tiempo para escribir numerosos libros de derecho, ciencia, juegos, y de componer la extraordinaria obra poética y musical que son las *Cantigas de Santa María.*

Esa imagen brillante y pintoresca que nos hemos formado de la vida en los castillos medievales sería insoportable para nosotros, hombres del siglo XX, por la carencia de los medios y de las comodidades que nos rodean. Baste recordar la sorpresa de los visitantes de ruinas cuando ven que el servicio sanitario —o mejor «las necesarias», como dice el Buscón de Quevedo— suele consistir en una estrecha garita volada sobre la muralla, con un agujero redondo en una losa como asiento: por allí han de caer todas las inmundicias al foso. Está situado generalmente en el norte del muro a fin de que la sombra y los vientos atenúen olores.

La hora suprema del castillo es aquella en que se ve asediado. Para tal ocasión se construyeron sus defensas y se prepararon sus habitantes. Ya nos hemos referido a la forma en que se desarrollaba esta situación. Bajo los proyectiles que arrojan las máquinas de guerra, rechazando el asalto de los hombres con armas de mano o sucumbiendo cuando no han llegado los esperados refuerzos y se han acabado los víveres o están secas las cisternas.

Arnés de justa del siglo XV, conservado en el Museo de la Armería de Vitoria.

ACTUALIDAD DE LOS CASTILLOS ESPAÑOLES

Los castillos españoles constituyen uno de los conjuntos más extensos y homogéneos del patrimonio cultural europeo. En rigor, además de los castillos propiamente dichos, de los que en este libro se trata, habría que hablar de diversas clases de edificios integrados en la arquitectura militar española.

Hemos aludido a ciudades y villas amuralladas con recintos subsistentes que se construyeron desde la época romana hasta el siglo XVIII. Se ha hecho también referencia a monasterios y conventos fortificados. Existen las casas torres de la Alta Castilla, de Navarra, residencias de la pequeña nobleza, en cuya fachada nunca falta el orgulloso escudo del linaje. Y están los palacios urbanos, con enorme torre cuadrada a su lado, dentro de ciudades como Cáceres, Ciudad Rodrigo, Santillana del Mar y tantas otras. En pueblos y aldeas abundan las casas fuertes, provistas de torre, garitones y, por supuesto, saeteras o aspilleras para defenderse de cualquier ataque imprevisto. Hay magníficos puentes medievales fortificados, para acceder a la entrada de las villas, como los de Besalú (Gerona) y Frías (Burgos). Innumerables son las atalayas o torres de observación y las señales por todo el país. Pero destaca la línea continua de estas defensas a lo largo del litoral mediterráneo, las cuales tenían por objeto avistar las naves de los piratas berberiscos o turcos antes de que hicieran su incursión por la playa. El profesor inglés Edward Cooper ha estudiado y fotografiado cerca de doscientas de estas torres en la costa, desde la frontera francesa hasta Almería.

Los castillos son los núcleos principales y también los monumentos más vistosos de la arquitectura militar española, pero el complejo sistema defensivo que la Historia exigió a este país se complementa con toda esa variedad de construcciones, a veces modestas, testimonios, asimismo, de esa Historia que, según Cicerón, es maestra de la vida, luz de los tiempos y mensajera de la Antigüedad.

Por el hecho de que corresponden a una manera de vivir hoy impensable, resulta difícil su conservación, en la mayoría de los casos, tras haber sido abandonados por sus dueños durante varios siglos. Después de un largo olvido, el Romanticismo se enamoró de sus ruinas y las brindó como tema a la melancolía de sus poetas. Despertada así la atención por estas viejas piedras, a mediados del siglo XIX surgió un movimiento reconstructor en Europa que pretendía devolver su original prestancia a los monumentos antiguos. Su jefe indiscutido fue el arquitecto francés Eugène Emmanuel Viollet-le-Duc, gran conocedor de los estilos medievales, con los que estaba perfectamente identificado. Su labor fue inmensa y obró siempre con la autoridad que le daba su gran sabiduría. Pero, inevitablemente, la reconstrucción de edificios cuya estructura está maltrecha obliga a la invención, a la fantasía y, en suma, a la falsificación.

Los seguidores de esta tendencia, que no poseían el bagaje de conocimientos ni el espíritu «medieval» de Viollet-le-Duc, cometieron verdaderas atrocidades, inventando castillos de cuento de hadas que, bajo su teatral apariencia, sepultan los restos auténticos, mucho más dignos y evocadores.

A España llegó también esa escuela y de ella son muestra lamentable algunos castillos como los de Butrón en Vizcaya, Arteaga en Guipúzcoa o Requesens en Gerona, entre otros.

Modernamente se han impuesto otros criterios más racionales respecto al cuidado de monumentos antiguos. El ideal del arquitecto restaurador ha de ser que su labor pase inadvertida en la medida de lo posible, a fin de dejar el monumento en su máxima pureza, preocupándose ante todo de su consolidación y a la limpieza de elementos añadidos.

Sin embargo, un edificio que no tenga destino utilitario permanente, es decir sin moradores que cuiden de él de forma habitual, está sujeto a un deterioro que exigirá restauraciones periódicas, si no quiere sucumbir.

Hay cada vez más castillos españoles que resurgen porque se les encuentra una dedicación, ya sea haciéndolos habitables o instalando en ellos un pequeño museo u otro centro cultural. Para que esta revalorización del castillo sea posible es necesario que al menos la estructura exterior del castillo esté completa o casi completa; no es lícito inventar nada de su traza. Ciertamente habrá que disponer de instalaciones, servicios y mobiliario indispensables

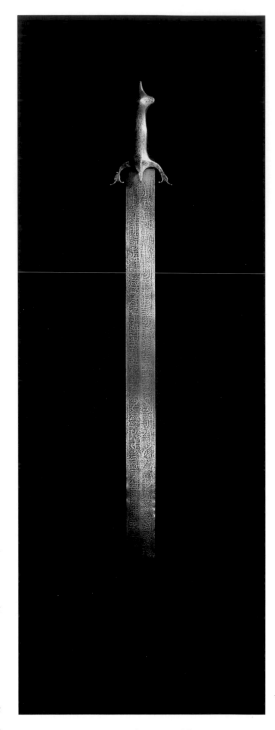

... Quien no preste atención a tus palabras / cuando la espada está envainada, / las leerá cuando el sable esté desnudo; / dar muerte a espada al enemigo es una deuda / y aunque tu acero el pago retrasase, / los días son la garantía; / estate, pues, seguro del triunfo, / tuya es la espada y de los cuellos la humillación; / siempre habrá en tu enemigo, en sus entrañas, / sangre sedienta de tu hermosa espada.

Poemas, Al Rusafí

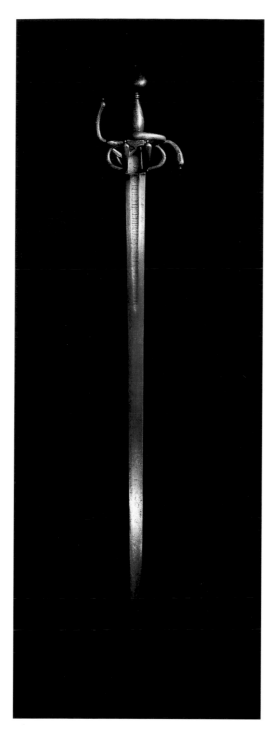

Descolgó una espada vieja / De Mudarra el castellano, / que estaba toda mohosa, / por la muerte de su amo. / «Haz cuenta, valiente espada, / que es de Mudarra mi brazo / y que con su brazo riñes / porque suyo es el agravio. / Bien puede ser que te corras / de verte así en la mi mano, / mas no te podrás correr / de volver atrás un paso. / Tan fuerte como tu acero / me verás en campo armado; / tan bueno como el primero, / segundo dueño has cobrado; / y cuando alguno te venza, / del torpe hecho enojado, / hasta la cruz en mi pecho / te esconderé muy airado.»

Cantar de Mio Cid, Pere Abbat

en la vida actual. Esto habrá de hacerse con discreción y buen gusto, de modo que todo ello entone con el carácter de la construcción, pero sin simular «antigüedades» que hacen daño a los ojos y nos engañan.

A título de ejemplos, diremos que se han instalado centros oficiales o culturales en castillos tan importantes como La Mota, de Medina del Campo, Coca, El Real de Manzanares, Fuensaldaña, etc. La empresa estatal de los Paradores Nacionales de Turismo ha convertido en acogedores establecimientos hoteleros de evocador ambiente y gran comodidad, guardando el respeto debido a edificios tan ilustres como Alarcón, Alcañiz, Bayona, Benavente, Cardona, Ciudad Rodrigo, Fuenterrabía, Jaén, Jarandilla, Olite, Oropesa, Sigüenza, Tortosa, Villalba y Zafra.

Castillos venerables por su historia, como Loarre o Peñíscola, son objeto de custodia y abren sus puertas a los visitantes. Hay también un número creciente de personas que restauran y habitan sus propios castillos, heredados o adquiridos; sirvan de ejemplo, entre otros muchos, Peratallada, Batres, La Roca del Vallés y Sajazarra.

Aparte de la protección oficial, ejercida a través del Ministerio de Cultura y de los organismos correspondientes en las Comunidades Autónomas, hay entidades privadas que fomentan con eficacia y entusiasmo el interés y la atención hacia esta clase de monumentos, como la veterana Asociación Española de Amigos de los Castillos, de ámbito nacional, además de numerosos patronatos y fundaciones que se ocupan de los que hay en su comarca o región, a los que procuran dar vida. Mencionaremos como modelo a los Amigos del Serrablo, en la comarca oscense cuya capital es Sabiñánigo, quienes en veinticinco años de labor no sólo han restaurado un numeroso conjunto de pequeñas iglesias de los siglos X a XII, sino que además han acondicionado el castillo de Larrés en pleno Pirineo, instalando en sus salas un importante Museo del Dibujo, único en España por el momento.

Junto a esta multiplicación de las iniciativas en favor de los castillos españoles, también hay que lamentar alguna vez las acciones destructoras de la barbarie o la intervención «técnica» de algún restaurador sin conocimientos ni respeto ni amor a las viejas piedras.

Hemos intentado en este breve ensayo introducir al lector en la historia, la realidad y la problemática de los castillos de España. Pero decíamos más arriba que todos los castillos son diferentes en sus características históricas, topográficas y arquitectónicas, presentando una gran variedad de tipos, cuya clasificación es compleja y ardua. El lector podrá reconocerlos y obtendrá su propia visión contemplando las bellas fotografías que componen este libro, acompañadas por breves reseñas históricas y artísticas.

Colocados en su clima y en su paisaje, por su historia, por su tradición, con su pétrea gallardía y su fuerza evocadora, el viajero y el lector encontrará a España en sus castillos.

BAÑOS DE LA ENCINA
(JAÉN)

Dominando al sur la cuenca del Guadalquivir y vigilando por el otro lado uno de los pasos naturales que abren camino de la meseta castellana a Andalucía, hace más de mil años que está en pie el castillo de Baños de la Encina. Le sirve de base un cerro alto y alargado en cuya ladera se construyó el pueblo de su nombre.

Salvo la reforma de la torre mayor, hallamos aquí una alcazaba califal completa y en estado excepcionalmente puro. Su recinto tiene forma oval, de unos cien metros en su eje mayor. La muralla, que conserva todo el camino de ronda, está guarnecida por catorce torres de flanqueo, de planta cuadrada, todas iguales y de mayor altura que el muro. La única puerta se abre entre dos de esas torres, en el lado oriental y próxima al extremo norte. Tiene doble arco de herradura, muy bien trazado.

Hemos aludido a una decimoquinta torre que difiere de las demás y ocupa el sitio de una de ellas. Ésta es más gruesa, más alta y de mayor saliente, con su paramento convexo hacia el exterior. Sin duda, una vez conquistado Baños de la Encina, se quiso convertir la alcazaba en una fortaleza cristiana y la reforma se redujo a levantar una torre del homenaje, como signo del nuevo señorío, por lo que se ha de atribuir su construcción al siglo XIII.

En el monumento musulmán alterna la piedra con los muros de tapial hecho con un mortero de mucha consistencia. El interior del vasto recinto aparece vacío, con restos de muros entre los cuales no existe la conexión que explicaría una planta de edificio. Nos inclinamos a pensar que la alcazaba sería simplemente esto: una explanada protegida por la muralla, dentro de la cual y según los tiempos y las circunstancias, las tropas podían plantar sus tiendas, o bien construirse refugios de obra más o menos duraderos, así como cobertizos para el ganado. Y a estas construcciones, diversas veces renovadas, deben corresponder los restos aludidos.

Aparte de la sorprendente belleza que tienen la fortaleza y su emplazamiento, hay que hacer constar el preciso dato de la fecha de su construcción, según una lápida situada junto a la hermosa puerta. En su lugar se ve hoy una copia, pues la original fue trasladada al Museo Arqueológico Nacional de Madrid, a causa de su excepcional valor histórico. En ella se declara que la alcazaba fue mandada levantar por Al-Hakam II en en el año 357 de la Hégira, o sea en el 986 de la Era cristiana. Así, pues, fue este califa quien en la época de más esplendor del califato de Córdoba erigió ese castillo, acaso previniendo las primeras turbaciones que, en tres décadas, fraccionarían aquel imperio o pensando ya acaso en el peligro que desde el Norte iban a significar los todavía incipientes reinos cristianos.

Realmente, Baños de la Encina fue avanzada que sufrió sus embates una y otra vez, tomada en ocasiones por los cristianos y recobrada otras tantas por los árabes, hasta que después del gran desastre almohade de las Navas de Tolosa quedó en situación insostenible y pasó a pertenecer definitivamente a Castilla en el primer tercio del siglo XIII. Sería más tarde una base para la conquista del reino de Granada y, en siglos posteriores, contemplaría ocasionalmente algún hecho de armas que no ha pasado a la historia. El pueblo de Baños de la Encina utilizó el recinto como cementerio hasta que, redimido de tan tétrica servidumbre, pasó a ser uno de los testimonios más interesantes de la dominación musulmana en España.

Explanada interior. El castillo, con una planta de 100 metros en su eje mayor, está estructurado como una especie de caravanserrallo para acoger caravanas o tropas militares con la función básica de protección de caminos y vías.

Páginas anteriores:
Torre mayor o del homenaje al fondo y dos de las catorce torres de flanqueo.

Detalle del almenaje o crestería de la muralla del castillo desde el camino de ronda.

Torre mayor construida en el siglo XIII, para convertirla en fortaleza cristiana, en sustitución de una de las quince torres cuadradas árabes que tenía originariamente la alcazaba edificada en el año 986, según consta en la lápida conservada en el Museo Arqueológico Nacional de Madrid: «En el nombre de Dios, el Clemente, el Misericordioso, mandó construir este castillo el siervo de Dios Al-Hakam II Al-Mustansir Bi-Allahi, príncipe de los creyentes, cuya vida Dios guarde, bajo la dirección de su servidor y caíd Mayssur ben Al-Hakam. Se terminó con el auxilio de Dios y con su ayuda. Eso fue en la luna del Ramadán del año 357».

Vista del río Rumblar, afluente del Guadalquivir, desde el castillo, llamado en época árabe Burch Al-Hamman, es decir «torre de los Baños».

MUR
(LÉRIDA)

El robo de unas vacas, el año 969, en el monasterio de San Pedro de Vilanega, en el condado leridano de Pallars, dio lugar a que el conde dictase una sentencia y a que en ella se cite la iglesia de San Fructuoso *in castro Muro*. Ésta es la primera mención documental de un castillo muy antiguo, situado en frontera de moros, dispuesto a cumplir su función en la reconquista de la Cataluña Nueva, que terminará con las tomas de Tortosa y Lérida cuando el siglo XII está a punto de llegar a su mitad. Entre la décima y la duodécima centurias, hay unas cuantas noticias registradas que nos muestran la importancia concedida en aquel tiempo a tan modesta fortaleza.

Su importancia se aprecia en dos cartas con fecha del 2 de septiembre de 1055, por las que el castillo de Mur pasa a manos de un personaje excepcional. Según el primero de ambos documentos, el conde Ramón IV de Pallars vende el susodicho castillo, junto a los de Llimiana, Orcau y Basturs, con villas y términos, a Arnau Mir de Tost. En el segundo, el conde se compromete a tomar por esposa a Valencia, hija de Arnau.

Todas las tierras que son objeto de esta transacción lindan con el término de Ager, donde Arnau Mir de Tost tiene su señorío y su reducto. Éste amplía su dominio y además se convierte en suegro de su señor, todo lo cual hace pensar en un estrechamiento de relaciones entre el conde y su vasallo con el propósito de hacerse más solidarios y más fuertes en la lucha contra el musulmán. Pues Arnau Mir de Tost era el adalid cristiano más activo en sus ofensivas y el más temido por sus enemigos.

Casi un siglo más tarde, el conde del Pallars Jussá, otro Arnau Mir, participa con gran denuedo en la conquista de Lérida. Atrás, lejos ya de las tierras en que continuaba la lucha, quedó el vetusto castillo de Mur. La misma sencillez de su estructura le ha permitido subsistir abandonado durante tantos siglos.

Ya hemos dicho que los elementos básicos del castillo son una torre y una muralla que la rodee y eso es todo lo que hallamos en Mur. En su estado actual presenta una clara unidad de plan y de construcción que parece corresponder al siglo XI, acaso rehaciendo el castillo documentado con mayor antigüedad.

Es una fortaleza no muy grande, de carácter estrictamente militar, sin ninguna concesión a la comodidad de sus ocupantes. Asentado sobre roca viva, su planta forma un triángulo alargado, con las puntas redondeadas y el lado mayor ligeramente curvado.

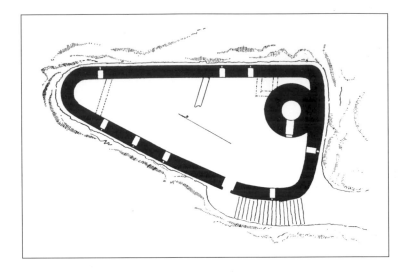

Croquis del castillo de Mur.

Cuando se habla del castillo de Mur siempre se compara su aspecto con el de un navío, la proa levantada en alto parapeto y la popa una torre cilíndrica en lugar de un grueso palo mayor. En el lado occidental de la muralla, que es el más largo, está la puerta de medio punto a la que da acceso una escalera tallada en la roca. El recinto mide 31 metros de longitud. La altura de la muralla varía, por la configuración del terreno, entre 14 y 18 metros, siendo su espesor de un metro aproximadamente.

Dentro del recinto queda algún resto del muro y, en la cara interior de la muralla, se observan huecos de vigas empotradas, lo que indica que allí hubo alguna construcción utilitaria. Se colocó aquí en alguna restauración moderna. La torre del homenaje tenía cuatro pisos. La obra entera es de piedra bien aparejada.

A un centenar de metros del castillo, enfrente de él, a un nivel más bajo, estaba el pequeño monasterio de Santa María de Mur, fundado en 1069, del que sólo queda en pie la iglesia, cuyo plan era de tres naves con otros tantos ábsides, pero falta una de las naves laterales, que acaso no llegó a construirse. Este templo tuvo una magnífica decoración pintada del siglo XII, debida a un artista anónimo conocido como «maestro de Mur». Las pinturas del ábside principal fueron arrancadas, pasadas a lienzo y llevadas al Museo de Boston. Al pie de la iglesia hay un pequeño y sencillo claustro rectangular.

Castillo y monasterio forman un precioso conjunto, realmente excepcional en cuanto a ilustración del periodo feudal en Cataluña.

Castillo de Mur y monasterio de Santa María en la cima de un cerro que domina la cuenca de Tremp. El castillo –obra capital del románico civil catalán– es una construcción típica del siglo XI que todavía conserva la torre del homenaje en un extremo del patio interior. Rodeado de precipicios y erigido directamente sobre la roca, no tiene foso.

Cabecera de la colegiata de Santa María con ábsides de tipo lombardo. Consagrada en el año 1069, esta iglesia fue convertida en canónica a finales del siglo XI, llegando a dominar un extenso territorio que formaba la pavordía de Mur vinculada directamente a Roma. En 1592 se convirtió en colegiata y en 1851 pasó a ser parroquia rural. Las espléndidas pinturas murales de mediados del siglo XII del ábside central se conservan en el Museum of Fine Arts de Boston y son consideradas una de las mejores muestras de la pintura románica catalana, mientras que las del ábside lateral derecho –bastante fragmentadas– se conservan en el Museo Nacional de Arte de Cataluña.

Página anterior:
Ala del claustro de planta rectangular situado a los pies de la colegiata de Santa María. De columnas simples y capiteles toscos, tres alas del claustro fueron restauradas entre 1932 y 1935, mientras que la cuarta ha sido reconstruida recientemente.

Páginas siguientes:
El castillo de Mur fue el centro de una baronía que perteneció al linaje de los Mur hasta finales del siglo XV. Entre sus miembros destacan Bernat de Mur (obispo de Vic entre 1244 y 1264), Acard de Mur y de Cervelló (gobernador de la corona catalano-aragonesa en Cerdeña entre 1413 y 1415) y Dalmau de Mur (obispo de Gerona entre 1415 y 1419, arzobispo de Tarragona entre 1419 y 1431 y arzobispo de Zaragoza entre 1431 y 1456).

CARDONA
(Barcelona)

Entre todos los castillos de Cataluña, destaca el de Cardona (Barcelona), tanto por su prolongada continuidad histórica como por su volumen y su importancia en cuanto monumento arquitectónico.

Es imposible señalar con una fecha, ni siquiera aproximada, su antigüedad, pero sí podemos afirmar que, como tal fortaleza, cumplió su función durante más de mil años. Un texto de la *Vita Ludovici,* o sea la vida de Ludovico Pío, escrita por un anónimo conocido como «el astrónomo Lemosín», habla de la necesidad de rehabilitar y poner en condiciones la defensa de Cardona y otros castillos frente a los musulmanes. Esta referencia parece corresponder al año 798, lo cual demuestra que, a finales del siglo VIII, no sólo existía el castillo de Cardona, sino que ya era viejo y estaba más o menos abandonado. No podemos imaginar cuál sería la traza de ese castillo, que se remontaría a la época visigoda o acaso la romana.

No han de extrañar ni su remoto origen ni su larga perduración, pues Cardona es uno de esos lugares estratégicos que el hombre ha habitado siempre a causa de su ventajoso emplazamiento. La fortaleza se levanta sobre un montículo de considerable altura, en el que se han apreciado restos de algún poblado ibérico. Domina el río Cardoner y el cruce de varios caminos, pero además tiene enfrente, muy cerca, la llamada «montaña de Sal», cuyas minas fueron explotadas desde antiguo. Este elemento primordial para la vida constituyó la gran riqueza de Cardona y dio su poder al linaje de este nombre.

Las reformas y reconstrucciones de que fue objeto a lo largo de los siglos fueron varias, empezando por la que un siglo más tarde se atribuye documentalmente a Wifredo el Velloso y terminando en épocas tan recientes como 1813, fecha inscrita sobre una puerta del recinto exterior, lo que da fe de la vigencia de este castillo en plena guerra de la Independencia. E incluso en las guerras civiles del siglo XIX, no dejó de ser edificio castrense, guarnecido por soldados hasta unos años después de terminar en 1939 nuestra última contienda.

Volviendo a los comienzos históricos, una vez reconquistado aquel territorio de los musulmanes, se siente la necesidad de repoblarlo para establecer sobre él un dominio definitivo. Con tal fin, firma el conde Borrell II de Barcelona el importantísimo documento que es la Carta de Población, del año 986, en la que hace un llamamiento a cuantos quieran venir a habitar en estas tierras, ofreciéndoles a cambio ventajosos privilegios y estableciendo como señor al vizconde Ermemir, quien encabezará el linaje que lleva el nombre de Cardona.

Ratifica además la concesión a los vecinos —que ya era tradicional— de apropiarse toda la sal que pudieran extraer por sí mismos todos los jueves del año. Pero también estaban obligados a trabajar un día a la semana en la construcción y reparación de murallas, torres y fosos de la fortaleza, que pronto llegó a ser muy grande, incluyendo dentro de su recinto una iglesia dedicada a San Vicente Mártir, que ya existía por lo menos en el último cuarto del siglo X.

La familia Cardona no sólo adquirió una gran riqueza, sino que también dio eminentes personajes, en la política y en las armas, al servicio de los condes de Barcelona y luego al de los reyes de Aragón.

Por su lealtad y por sus hazañas, los señores de Cardona ascendieron en el rango de la nobleza. El vizcondado fue elevado a condado en 1375 por el rey Pedro el Ceremonioso y en 1491 Fernando el Católico lo erigió en ducado. Más tarde, a través de enlaces con grandes familias de la nobleza castellana, el título de duque de Cardona se unió a los que posee la casa ducal de Medinaceli.

El castillo palacio dejó de ser habitado por sus señores y se convirtió en fortaleza militar que, como hemos dicho, conservó su función hasta nuestros días.

Veamos, ahora, el monumento, intentando discernir las épocas a que corresponden los heterogéneos elementos arquitectónicos que componen los edificios actuales.

El efecto del conjunto que ofrece el castillo de Cardona es impresionante y magnífico, realzado por la montaña en que se asienta. Una serie de recintos escalonados van ciñendo las vertientes hasta encarar el castillo propiamente dicho que se alza en la cumbre. En lo alto quedan los vestigios más venerables y artísticos, mientras la parte inferior es el resultado de las cada vez mayores exigencias de defensa frente a los progresivos medios de ataque que, al correr de los siglos, podía poner en juego el enemigo exterior.

Bóvedas de arista de una de las dos naves laterales de la colegiata de San Vicente. Las naves laterales miden 10,80 metros de altura y sólo 4,80 metros de ancho, y actúan de deambulatorio y contrafuertes de la nave central.

En los primeros términos que se contemplan al acercarse, predominan los fosos, muros en talud, caminos cubiertos, baluartes con garitas en sus esquinas, casamatas y polvorines, construidos desde el siglo XVII al XIX. Desde el portal más bajo, sube un ancho camino en rampa, que tuerce en agudo zigzag para que cualquiera que suba sea perfectamente visible y dominable, alternativamente de frente y de espaldas por los defensores situados en las partes altas.

La subida antigua al castillo obliga a atravesar tres portales consecutivos, en el segundo de los cuales estaba el cuerpo de guardia. Por la ladera baja, además, un muro medieval que enlazaba con las murallas de la villa, totalmente cercada e incluida así en el sistema defensivo de la fortaleza. Conserva importantes vestigios de este amurallamiento urbano y de sus puertas.

Cuando subimos hacia el castillo entre esas fortificaciones de la Edad Moderna a las que hemos aludido, se aprecian, sin embargo, dos altos muros de contención de tierras, que sirven de basamento a las construcciones medievales y presentan caracteres de gran arcaísmo, que parecen remontarse a la Alta Edad Media y dan idea de la grandiosidad que tuvo esa fortaleza desde sus primeros tiempos.

Llegados a la alargada planicie que corona el monte, hallamos el conjunto de construcciones, ordenadas según un plan perfectamente visible: la mitad occidental corresponde a la residencia palaciega de la familia Cardona, mientras la mitad oriental es de carácter religioso, ocupada por la gran colegiata dedicada a San Vicente, un pequeño claustro y las habitaciones del clero vinculado a tan insigne iglesia. Los vizcondes de Cardona no se conformaron con una simple capilla en su castillo, como es habitual, sino que erigieron esta colegiata, atendida por un capítulo que primero fue aquisgranense y luego agustiniano.

Afortunadamente el templo mantiene intacta su bella estructura, a pesar de haber sido utilizado durante mucho tiempo como cuartel de tropas, montando en su interior varios pisos superpuestos. La ejemplar restauración que se llevó a cabo en los años cincuenta no presentó más problema que el de la consolidación y la limpieza de todos los elementos utilitarios que se le habían añadido modernamente.

San Vicente es un templo grandioso de tres naves, separadas entre sí por pilares cruciformes. La central está cubierta por bóveda de medio cañón y las laterales por pequeños tramos de bóvedas de arista. Sobre el crucero se alza una cúpula sostenida por trompas y la cabecera se resuelve con tres ábsides correspondientes a las naves. Toda la obra es de sillares bastante grandes. No hay ni el más pequeño elemento de decoración esculpida, por lo que la emoción que produce se debe exclusivamente al equilibrio de sus líneas, proporciones y volúmenes.

El último trazo de los pies forma una tribuna o coro alto, sobre un atrio abierto al exterior por arcos de medio punto y que estuvo decorado con pinturas románicas, cuyos restos se guardan actualmente en el Museo Nacional de Arte de Cataluña, en Barcelona.

En la cabecera de la nave mayor, una escalinata da acceso al presbiterio, que está en nivel bastante elevado. Pero en el centro de esa escalera se abre un hueco por el que se entra a la cripta. Ésta repite el tipo de cripta de la catedral de Vic —consagrada dos años antes—, adaptada a la planta del ábside con cuatro columnas centrales, que dividen el ámbito en nueve espacios cubiertos por bóveda de arista.

El exterior de la iglesia es de puro estilo lombardo, con arquillos y bandas a lo largo de muros y ábsides, más la galería de huecos en medio punto que remata el ábside central. La colegiata de San Vicente fue consagrada el día 23 de octubre del año 1040 por el obispo Arnulfo de Roda, con la asistencia de Oliba, abad de Ripoll y obispo de Vic, el gran promotor del arte románico en Cataluña.

Dentro del templo tuvieron sus tumbas muchos de los próceres de la familia Cardona. Parece ser que hubo hasta veintitrés enterramientos, con la suntuosidad que todavía se ve en el subsistente de Fernando Juan Ramón Folch de Cardona y su primera esposa Francisca Manrique de Lara, con estatuas yacentes bajo arcosolio, en el que se mezclan motivos góticos y platerescos.

Ante la puerta principal del templo y su atrio, está el pequeño claustro de sencillas líneas góticas, desde el que se sale de la parte eclesiástica para entrar en la palaciega. Pero, en realidad, la entrada a la residencia de los Cardona era desde el camino en rampa que antes hemos descrito y que viene desde la parte de la villa, o sea desde occidente.

Cuando termina la cuesta y nos hallamos ya a la altura de los edificios, delante del palacio, hay una explanada, en lo que ahora se llama «baluarte del Santo Cristo» y en otros tiempos sería plaza de armas. Alrededor quedan restos de construcciones de los siglos XIII y XIV. En medio se alza la torre de la Minyona, (llamada así porque, según la tradición, en ella estuvo presa en el siglo XI Adelais, hija del vizconde Ramón Folch, la cual se había casado en secreto con el alcaide moro del castillo de Maldá, que se encuentra más al sur, en la actual provincia de Lérida). El musulmán venía a visitarla

Montaña de sal o salinas de Cardona, explotadas desde la época prerromana, tiene minas y galerías de más de mil metros de profundidad, probablemente las más profundas de España.

Páginas siguientes:
Fortaleza de Cardona, edificada sobre un cerro de 589 metros de altitud. Presidida a la izquierda por la torre de la Minyona y a la derecha por la colegiata de San Vicente —ambas del siglo XI—, comprende varias construcciones góticas. El castillo fue convertido en cuartel en 1794 y las obras de fortificación continuaron hasta finales del XIX. Después del abandono de las tropas militares en 1945, el palacio ducal y el monasterio se adaptaron como Parador Nacional de Turismo, inaugurado en 1976.

Detalle del crucero y del cimborrio de la colegiata de San Vicente, con arcuaciones ciegas de tipo lombardo. Edificio paradigmático del primer románico, de estilo y construcción muy unitarios, es uno de los mejores ejemplos arquitectónicos del siglo XI en Cataluña.

en duras cabalgadas nocturnas. Descubiertos sus amores con el infiel, Adelais fue cruelmente castigada con el encierro en la torre.

Ésta es cilíndrica y de ancha base ataludada, pero no queda de ella más que el tercio inferior, pues fue derribada en época moderna al parecer para emplazar alguna pieza de artillería. Dice algún autor que el derribo se hizo en el siglo XVIII, pero lo cierto es que la torre se ve completa, con toda su altura, en un grabado del «Voyage Pittoresque et Historique de l´Espagne», de Laborde. Claro que puede ser una fantasía reconstructora del dibujante, pero éste parece ser muy fiel a la realidad en los demás detalles. La torre debió ser construida hacia los siglos XI o XII, fundamentando nuestra opinión en la comparación con la torre mayor del castillo de Montsoríu, que es del mismo tipo.

Además de esta torre principal o del homenaje, destacaba en la silueta de la fortaleza una alta torre cuadrada, que también se ve en el grabado de Laborde. Estaba situada en la parte nordeste, al lado de la iglesia y acaso era campanario. Queda visible hoy su basamento, pues también fue derrocada.

Desde la plaza de armas que rodeara la torre de la Minyona, se entra al palacio ducal. Primero hallamos un pequeño patio o compás y a su derecha una estancia que en otro tiempo se llamaba *«cambra d´en Perot Call»* y desde el año 1681 quedó convertida en capilla dedicada a San Ramón Nonato, porque la tradición sitúa en ella el prodigioso hecho de la descención de Cristo para administrar los últimos sacramentos a aquel gran santo, que murió allí el último domingo de agosto de 1240.

Por un arco apuntado muy alto se entra desde el primer compás al patio ducal, así llamado aunque su construcción corresponde a la época en que los Cardona eran vizcondes. Es obra de los siglos XIII y XIV, con ventanas góticas de ese tiempo y otras abiertas posteriormente. Un arco de gran anchura cobija la escalera de subida a la planta noble. A la izquierda, y en la planta inferior, se halla el salón mejor conservado, de arcos apuntados y transversales soportando un techo de vigas. Podría haber sido éste la famosa sala Dorada, de la que hablan algunos documentos.

Otras dependencias en torno a esta principal constituían la mansión señorial con una distribución que no podemos imaginar a causa de las reformas y las nuevas construcciones. Nada queda de su decoración original ni de las riquezas que el palacio contenía, si no es el recuerdo de algunos relicarios insignes, como el de la Santa Espina, o algunos objetos dispersos, como la bolsa gótica decorada con castillos y flores de lis que guarda el Museo Diocesano de Solsona y los bustos de plata del siglo XVI de san Sebastián y santa Úrsula en la catedral solsonense. Un inventario general del año 1584 registra casi un centenar de tapices y catorce alfombras de grandes dimensiones. Todo ello da idea del esplendor que tuvo el castillo-palacio. Nada quedó allí, como es lógico, cuando ya desde el siglo XVII todo el conjunto quedó convertido en fortaleza habitada por una guarnición militar.

Ya hemos dicho cómo en los años centrales del siglo XX se realizó una restauración, que bien puede calificarse como impecable y modélica, de la colegiata de San Vicente, uno de los monumentos capitales del románico catalán.

Años más tarde, se adaptaron los restantes edificios para la instalación de un Parador Nacional de Turismo. Si bien su utilización, de acuerdo con las exigencias y comodidades de la vida moderna, exige algunas concesiones en el plan restaurador, los reparos que con criterio purista pudiéramos poner quedan compensados por la garantía de digna y eficaz conservación de un monumento que, sin destino ni uso, quedaría abandonado a una lenta e inexorable destrucción.

Cúpula sobre trompas del crucero de la colegiata de San Vicente.

Página anterior:
Detalle del claustro del siglo XV en forma de atrio. Situado a los pies de la iglesia a causa de la topografía del terreno, fue restaurado en 1986.
Actualmente no conserva la cubierta de madera de las galerías y da acceso a unas dependencias con un patio interior gótico rehabilitadas como parador de turismo.

Páginas siguientes:
Nave central de la colegiata de San Vicente. La perpendicularidad y esbeltez de sus proporciones (19,60 metros de altitud por 6,10 metros de anchura) destruyen algunos tópicos
sobre la arquitecturta románica. Bajo el altar se observa la puerta de acceso a la cripta, según una disposición no original realizada durante la restauración iniciada en 1952.

Cripta de la colegiata de San Vicente situada bajo el presbiterio. De planta cuadrangular (10 × 9 metros), está formada por tres naves divididas
por seis columnas y cubiertas con bóvedas de arista. En ella se custodiaban las reliquias y se realizaban celebraciones eucarísticas.

Arcosolio del crucero de la colegiata de San Vicente con el sepulcro de Fernando Juan Ramón Folch de Cardona y de su primera esposa
Francisca Manrique de Lara, ejecutado poco después de la muerte del duque en 1543. El novelista francés del romanticismo Victor Hugo (1802-1885)
convirtió a Fernando de Cardona en el protagonista de *Hernani*, aunque se permitió algunas licencias literarias.

LA ALJAFERÍA
(Zaragoza)

De los tres grandes alcázares de origen musulmán que figuran entre los más importantes monumentos artísticos de España —Zaragoza, Sevilla y Granada—, el más antiguo es la Aljafería de Zaragoza. Corresponde al periodo de los llamados «reinos de taifas», en que se desmembró la España islámica a la caída del califato a comienzos del siglo XI.

En Sarakusta, la antigua Cesaraugusta, se constituyó una taifa muy poderosa, regida por la dinastía de los Banu-Hud. El constructor fue el segundo rey de este linaje, llamado Abu-Jafar Moctádir, (1049-1081), cuyo nombre Jafar da su denominación a la Aljafería.

El lugar elegido para lo que había de ser una lujosa mansión de recreo, sólidamente fortificada, estaba fuera de la muralla romana, como a un kilómetro en dirección oeste y muy próximo al cauce del Ebro.

Para el emplazamiento exacto se aprovechó y conservó una enorme torre rectangular de varios pisos, sin duda anterior, probablemente del siglo IX al X, y por tanto de época califal. Su fábrica es de gruesos muros de sillares en la parte baja y de tapial muy compacto más arriba. Carece por completo de motivos ornamentales y se utiliza en la obra de arco de herradura.

Popularmente se llama esta gran torre «prisión del Trovador», por situarse allí la de Manrique, protagonista del drama romántico *El trovador,* de Antonio García Gutiérrez, y de la homónima ópera italiana con música de Verdi; ambas obras cuentan una tragedia amorosa sobre un fondo histórico de la Edad Media aragonesa. Ciertamente esta torre se utilizó como cárcel en varias épocas y consta que allí estuvieron los calabozos de la Inquisición. En sus paredes quedan inscripciones de presos y en su suelo continuo de yeso endurecido hay tallados tableros de ajedrez para entretenimiento de los encerrados en el lugar.

En la restauración moderna, se ha puesto a esta torre un coronamiento de almenas, que sin duda tuvo de obra medieval, aunque no islámica. La fortaleza Abu-Jafar se trazó como un cuadrado de murallas que llevan adosadas hasta dieciséis salientes en planta de más de media circunferencia. La gran torre del Trovador quedó incluida en el muro norte, el cercano al Ebro, saliente de él hacia dentro y hacia fuera del recinto. En éste se incluía el palacio, con el pequeño oratorio, la sala de mármoles, así como varios patios y dependencias que se mencionan en descripciones antiguas y que, en parte, pueden identificarse en planos demasiado tardíos, cuando el palacio había sido reforzado más de una vez.

De todo ello, lo que subsistió en mejores condiciones y llegó *in situ* hasta nuestros días es la mezquita o pequeño oratorio de planta ochavada, en una de cuyas caras —la que mira a la Meca— se abre el *mihrab*, especie de ábside que aplica el arco semicircular o de herradura, tanto a su planta como a su portada y a la bóveda gallonada que lo cubre. El frente adorna su arco con estrechas dovelas alternadas, unas lisas y otras cubiertas de ataurique. Toda la estancia está profusamente decorada con yeserías talladas y frisos con inscripciones cúficas. Tiene una galería abierta por arcos lobulados que se entrecruzan y al encontrarse en su clave se doblan y se convierten en cintas horizontales que rodean todo el ámbito. Los recursos de esta fantasía ornamental son insospechados.

Encima de la pequeña galería, la estancia queda cortada por un techo plano que no le corresponde, pues el oratorio era bastante más alto. Lo que ocurre es que quedó cortado ahí por una de las salas construidas por los Reyes Católicos. Éramos estudiantes cuando nos encaramábamos a los desvanes y hallábamos los arranques de una bóveda nervada, seguramente derivada de las cordobesas y que daría al oratorio en su estado original una altura de unos diecisiete metros desde el suelo hasta la clave de la cúpula.

En esta estancia se aprecia en toda su autenticidad el que puede llamarse «arte de la Aljafería», caracterizado por las imaginativas combinaciones y cruces de arcos de herradura y aún más de los mixtilíneos y polibulados, además de la creación del tipo de capitel más esbelto y quizá más bello de todo el arte islámico. Es una estilización del capitel corintio, estirando el canon y convirtiendo los acantos en ataurique geometrizado. Los capiteles de la Aljafería son del más fino alabastro aragonés.

Hace bastantes años, el arquitecto don Francisco Iñíguez emprendió, con plena autoridad científica, la restauración del palacio de Abu-Jafar, tarea realmente ímproba. Pudo derribar los muros exteriores modernos, descubrir el perímetro de la fortaleza musulmana, reconstruir las torres sobre sus cimientos, limpiar el conservado oratorio y, ateniéndose a descripciones y planos antiguos, reconstruir el espectacular salón que antecede al oratorio y a un precioso patio, también con arquerías del «estilo Aljafería». Pero nunca hemos podido entender por qué no se pusieron a disposición del arquitecto Iñiguez todas las portadas y frisos, todos los capiteles y demás restos que fueron retirados de la Aljafería cuando el edificio fue convertido en cuartel; ahora están depositados en el Museo Arqueológico Nacional de Madrid y en el Provincial de Bellas Artes de Zaragoza. Repuestos en el lugar de origen, hubieran dado un porcentaje mayor de autenticidad a la restauración.

El «estilo Aljafería» tuvo poca expansión geográfica, salvo en territorios próximos. Por ejemplo, en Balaguer (Lérida) aparecieron restos decorativos de un palacio idénticos a los de Zaragoza. Pero sí fuerte influencia a través del tiempo en las etapas almohade y nazarí del arte hispanoárabe y mucho más en el mudéjar aragonés.

La Aljafería pasó muchas vicisitudes y sufrió reformas que hemos de reseñar brevemente.

Tras la reconquista de Zaragoza por Alfonso I el Batallador en 1118, fue residencia de los reyes de Aragón, no permanente, pues la Corte cambiaba mucho de lugar por los dos, luego tres y más tarde cuatro reinos que componían la Corona, desde la unión con Cataluña en 1137 y las conquistas sucesivas de Mallorca y Valencia en el siglo XIII.

Desde muy pronto se estableció en la Aljafería un templo, no una simple capilla, sino una iglesia con honores y función de parroquia bajo la advocación de san Martín. Probablemente se habilitó al principio alguna sala del palacio musulmán. Pero fue Pedro el Ceremonioso, en el siglo XIV, quien levantó una iglesia propiamente cristiana, de ladrillo y en el estilo gótico-mudéjar aragonés. Aún puede verse, casi completa y restaurada, en el lado norte del primer patio. Sus naves conservan sus bóvedas de crucería y muestra una bonita portada, muy aragonesa, de ladrillo aplantillado.

Pero la reforma mayor y más fastuosa corrió a cargo de los Reyes Católicos, los cuales incrustaron en el interior del edificio otro palacio con la más fastuosa decoración de las postrimerías del gótico. Claro que esta monumental y bella obra afectó al alcázar musulmán, destruyendo algunas estancias y cercenando en altura, como ya hemos dicho, el precioso oratorio.

El acceso al de los Reyes Católicos se hace por el inmenso ámbito de una grandiosa escalera, compuesta por dos tramos muy anchos y larguísimos. La pared del fondo del rellano se decora con arcos cuajados de tracerías flamígeras, lo mismo que todo el murete de pasamanos a lo largo de la escalinata. La cubierta es un dilatado techo soportado por vigas paralelas, doradas y policromadas, entre las cuales se tienden bovedillas pintadas con los yugos y flechas alternados, que son las respectivas divisas de Isabel y Fernando.

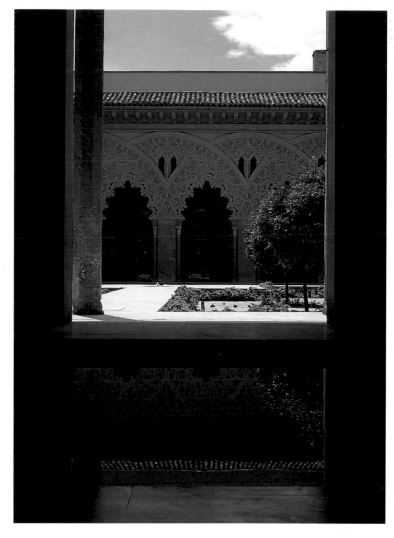

Patio de Santa Isabel. Núcleo del palacio musulmán, el patio se denomina así en recuerdo de esta infanta de Aragón y reina de Portugal, que según la leyenda nació en la Aljafería el 4 de julio de 1271. En este patio se celebraron varias fiestas de coronación de algunos reyes y reinas aragoneses, especialmente desde que el papa Inocencio III concedió a Pedro II el Católico la posibilidad de que los reyes de Aragón se coronasen en Zaragoza.

La gran escalera desemboca ante la blasonada puerta del salón del Trono, pieza principal del conjunto. Rectangular y de dimensiones realmente excepcionales, está cubierto por el que debe ser el más importante de los techos artesonados españoles. Sus casetones cuadrados son muy amplios y profundos, formados por enormes vigas decoradas con lazos de gusto mudéjar. De cada casetón pende una piña grande y dorada. Dorada y policromada es toda la deslumbrante techumbre, que tiene como zócalo en sus cuatro lados una galería abierta de pequeños arcos conopiales provistos de antepecho.

Las otras estancias de este palacio son de dimensiones menores y tienen techos menos aparatosos, pero todos ellos bellísimos, tallados, policromados y dorados. En torno a cada una de las salas corre bajo el techo una larga inscripción latina, conmemorando

que los reyes Fernando e Isabel mandaron hacer esta obra en 1492, *post liberatam a mauris Beticam,* una vez liberada Andalucía de los moros. La fecha debe corresponder a la de terminación de la obra, pues se había comenzado antes, como nos lo demuestran los varios escudos reales allí representados, ya que algunos todavía no llevan la granada y otros ya han incorporado en la punta ese emblema del reino recién ganado.

Más tarde, la Aljafería dejó de ser palacio real y pasó por diversas situaciones. Fue, por ejemplo, sede del tribunal de la Inquisición y la torre del Trovador volvió a servir como cárcel. En tiempos más modernos acabó siendo cuartel. Se amplió el recinto primitivo con barreras exteriores a los muros. Luego en ese recinto ampliado se levantó un gran edificio con cuatro torres dispuestas en las esquinas en posición achaflanada. Se derribaron las antiguas torres del siglo XI que habían quedado dentro. Como ya hemos dicho, se desmontaron arcos, portadas y capiteles que fueron depositados en los museos de Madrid y de Zaragoza. El cuartel albergó dos regimientos de infantería hasta mediados del siglo XX, época en que comenzó la restauración a que ya nos hemos referido. En la actualidad, se instala en la Aljafería el parlamento de la Comunidad Autónoma de Aragón. Sin duda, ésta puede ser una garantía de conservación del ya milenario edificio. Pero sentimos el temor de que las inevitables servidumbres político-administrativas resten mucho encanto a la evocación histórica y a la inmarcesible poesía de tan extraordinario monumento.

Vista exterior de la muralla. Por encima de las torres circulares asoma la torre de planta rectangular popularmente llamada «del Trovador», en alusión a la leyenda del doncel don Manrique de Lara, conocida a través del drama romántico de Antonio García Gutiérrez, base del libreto de la célebre ópera *Il trovatore*, de Giuseppe Verdi, estrenada en Roma en 1853 y relativa a un episodio imaginario del enfrentamiento entre los partidarios del rey de Aragón, Juan II, y los de su hijo Carlos, príncipe de Viana, en el siglo XV.

Páginas siguientes:
Arcos entrelazados del patio. Declarado Monumento Nacional en 1933, la Aljafería ha sufrido varias restauraciones durante el siglo XX.

Arcos entrelazados del pórtico sur del patio de Santa Isabel, basados en modelos cordobeses, pero probablemente inspirados en la Alcazaba de Málaga, aunque en la Aljafería las estructuras arquitectónicas se esconden bajo la exuberancia ornamental.

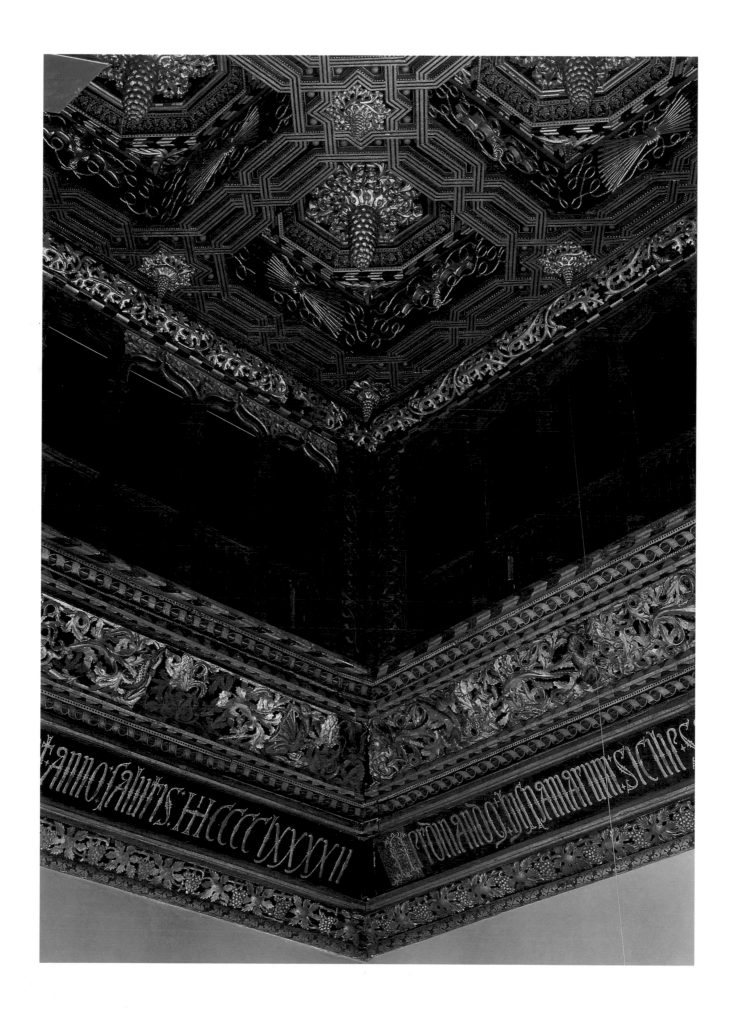

Tablero de ajedrez tallado en el suelo de la torre del Trovador para entretenimiento de los presos encerrados en ella mientras sirvió como cárcel.

Páginas anteriores:
Mihrab del oratorio o pequeña mezquita. Abierto en una de las ocho caras de la mezquita, el *mihrab* está orientado hacia La Meca, indicando la dirección en la que se debe orar. La ornamentación, planta y alzado se han relacionado con la Gran Mezquita de Córdoba y con algunas arquetas de marfil cordobesas.

Techumbre de la escalinata que da acceso al palacio de los Reyes Católicos, donde se observa la decoración pintada del forjado de las bovedillas con las divisas de Isabel y Fernando: el yugo y las flechas.

Artesonado del salón del Trono formado por octógonos, en cuyos profundos huecos destacan las piñas que simbolizan la unión de los reinos conseguida por los Reyes Católicos. La inscripción en latín de la parte inferior reza: «Fernando, rey de las Españas, Sicilia, Córcega y Baleares, el mejor de los príncipes, prudente, valeroso, piadoso, constante, justo, feliz, e Isabel, reina sobre toda mujer por piedad y grandeza de espíritu, insignes esposos victoriosísimos con la ayuda de Cristo, después de liberar Andalucía de los moros, expulsado el antiguo y fiero enemigo, mandaron construir esta obra en el año de la salvación de 1492».

Página siguiente:
Ventana de la galería superior del oratorio. El reducido tamaño y situación de la mezquita en el interior del conjunto palaciego de la Aljafería denotan que fue pensada para uso exclusivo del rey y sus allegados.

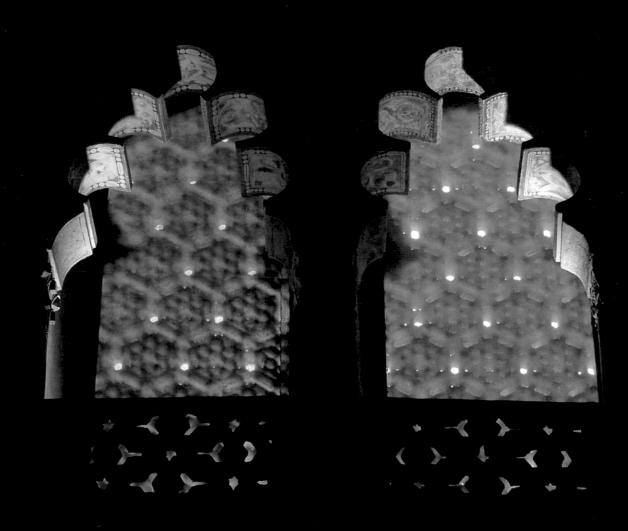

LOARRE

El castillo de Loarre, unas leguas al noroeste de la ciudad de Huesca, es por su posición el más impresionante de todos los de España. Completo en su silueta y también en sus estructuras principales, corona un inmenso podio de roca, promontorio avanzado de las sierras prepirenaicas que lo resguardan del septentrión. A sus pies, hasta más allá del alcance de la vista, se extienden los campos de Aragón, llanos u ondulados, pardos, verdes, amarillos, grises, entre los que refulgen manchas de agua y cauces plateados. Nunca hallaremos un castillo de más oportuno emplazamiento en el paisaje ibérico.

Cuando nos acercamos a él, lo que más nos sorprende es la unidad de su construcción, inusitada en fortalezas en uso durante siglos y que, por lo general, han sido objeto de reformas y renovaciones. Es probable que el arqueólogo nos señale algún vestigio ibérico, tal vez un sillar de aspecto romano o indicios de edificación musulmana. Todo ello es más que verosímil, pues ya sabemos que estos lugares de posición, eminente y dominadora, suelen ser habitados y guarnecidos desde épocas remotas. Pero el contemplador no encuentra a su vista ningún elemento anterior al siglo XI ni posterior al XII. El edificio es íntegramente de época y estilo puramente románicos, con caracteres muy acusados y relevantes, tanto constructivos como decorativos.

Los datos históricos conocidos nos proporcionan unos jalones cronológicos que permiten montar sobre ellos una hipótesis plausible acerca de las etapas en que la obra se realizó.

La primera noticia documentada —según Cristóbal Guitart Aparicio—, corresponde al año 1033, en que un tal Lope Sánchez obtiene el castillo por gracia del rey.

Lo era el de Pamplona, Sancho III el Mayor, que reunía además los condados de Aragón, de Sobrarbe-Ribagorza y de Castilla, monarca constructor, paladín del primer románico en gran parte de la España cristiana. Había, pues, castillos en Loarre hacia el primer tercio del siglo XI, y no es difícil imaginar cuál era su comprometido papel. Constituía la más audaz avanzada del incipiente Aragón, que pronto se llamaría reino, y de aquellos valles pirenaicos en que se habían refugiado los mozárabes huidos del dominio islámico en Huesca. Frente a Loarre, a muy poca distancia y en posición algo más baja, estaba la fortaleza enemiga de Bolea.

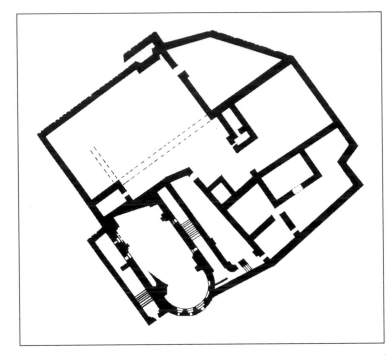

Planta del castillo de Loarre.

Parece ser que en años posteriores hubo una ocupación temporal de Loarre por los moros, pero fue reconquistado en 1070, cuando ya Sancho Ramírez es rey de Aragón. Al año siguiente, el rey toma una decisión aparentemente extraña: sin perjuicio de conservar la condición regia del castillo, entrega la custodia de un lugar tan comprometido como Loarre a una comunidad que se rige por la regla de san Agustín.

Tengamos en cuenta que faltan bastantes años para que en Tierra Santa, y en el ambiente de las Cruzadas, surjan las primeras órdenes militares de hospitalarios y templarios, por lo que bien podemos considerar como un precedente esta instalación de monjes en una fortaleza de primera línea, la cual fue, además, aprobada el mismo año por el papa Alejandro II.

También hace pensarlo aquella decisión con que el abad cisterciense dom Raimundo de Fitero se hizo cargo, frente a los almohades, del castillo de Calatrava, abandonado por los templarios, fundando la orden militar que de allí tomó su nombre.

No cabe duda de que Sancho Ramírez trataba de reforzar la fortaleza que había de ser base y punto de partida para la reconquis-

Vista del castillo con la torre del homenaje de 22 metros de altura y la iglesia al fondo. En primer término destaca la muralla, con torres de planta circular abiertas en el interior.

Páginas anteriores:
Edificado sobre una cima rocosa, el castillo de Loarre está a unos 1.070 metros de altitud. Las características del emplazamiento y la complejidad del recinto lo convierten en una fortaleza inexpugnable.

De gran unidad estilística, este castillo románico fue levantado por el rey Sancho III de Navarra para contener el avance musulmán y hacer frente a la fortaleza enemiga de Bolea, situada a unos 10 kilómetros. Protagonista de varios sucesos históricos, el castillo fue el centro de la rebelión contra la resolución acordada en el Compromiso de Caspe (1412) sobre la sucesión del rey de la Corona de Aragón, Martín el Humano, muerto dos años antes sin sucesión legítima directa, y que prefería a Fernando de Antequera en detrimento de Jaime de Urgel. En Loarre resistieron dos fervientes partidarios de éste último hasta 1413: Antón y Violante de Luna.

Torre albarrana de planta cuadrada, levantada en el centro del albacar. Debido a su inmejorable posición como observatorio, se la conoce como «torre del Vigía».
Declarado Monumento Histórico Nacional en 1906, el castillo fue restaurado en 1913 y, posteriormente, en 1975.

mental se abre a la finura escultórica propia de la escuela de Jaca, en cuyo dominio artístico nos hallamos.

Así lo apreciamos ya en la puerta exterior, de medio punto, flanqueada por columnas rematadas por sendos capiteles esculpidos con elementos vegetales de abolengo clásico y delimitada por impostas de billetes al modo jaqués. Sobre la puerta quedan restos del relieve que allí hubo, compuesto como un frontal con el Pantocrátor en el centro y, a su alrededor, los símbolos de los cuatro evangelistas. En la mandorla que enmarcaba al Cristo sedente hubo una inscripción que decía, según leyó a principios de nuestro siglo don Isidro Gil, lo siguiente: AEDES HAS MVNIAS INVICTAS - MCIII. O sea: «Guardes invictas estas mansiones. 1103.» El lema es bello y oportuno, muy del estilo de los que campean sobre la puerta mayor de la catedral de Jaca, alrededor de la cual da acceso al claustro de San Juan de la Peña y en otros monumentos románicos de la región. En cuanto a la fecha que se cita, me parece muy verosímil, pues es probable que toda la obra en el sector oriental del castillo fuera comenzada por Sancho Ramírez, pero que no pudiera terminarse hasta algunos años después de la reconquista de Huesca. Así lo testifica la perfección de la fantástica serie de capiteles que, además de esta puerta, enriquecen interior y exteriormente la iglesia con su ábside y el de la cripta que hay bajo su presbiterio.

Al atravesar la puerta exterior antes descrita, nos hallamos en los primeros peldaños de una ancha escalinata que, en un ingenioso aprovechamiento del espacio, pasa por debajo de la nave de la iglesia, da acceso directo a la cripta —a la derecha— y llega al nivel desde el que se pasa al templo y a los corredores hacia las diversas dependencias.

La más hermosa de todas ellas es la iglesia, de refinada perfección arquitectónica y de grandes dimensiones. Consta de una sola nave, cuyo muro de los pies es oblicuo a los laterales para acomodarse a la escarpada roca que tiene detrás. El ábside semicircular es del mismo diámetro que la nave y su muro se decora con arquerías adosadas.

El crucero apenas puede insinuarse en planta por la limitación del terreno, pero se alza imponente a gran altura, cubierto por una cúpula semiesférica que sostienen cuatro trompas dobles de gran vuelo. Entre los abundantes capiteles de la iglesia y de la cripta se mezclan los de motivos puramente ornamentales con los figurativos y simbólicos.

Fuera del núcleo compacto de castillo-iglesia, a pocos metros de la fachada, se levanta una torre albarrana de planta cuadrada, a la que suele llamarse «del Vigía», que le conviene por su excelente posición como observatorio.

Y sólo queda por anotar la muralla exterior, que arranca del muro del castillo en su parte oriental y se extiende hacia el oeste

Escalinata situada bajo la nave de la iglesia, con acceso directo a la cripta. La pendiente del terreno obligó a desarrollar soluciones constructivas ingeniosas como esta escalinata.

Página siguiente:
Detalle del interior del ábside de la iglesia. De una sola nave y cubierta con bóveda de cañón, la iglesia destaca por su adaptación a la roca y por la ornamentación escultórica de su único ábside, a menudo relacionada con la decoración de la Seo de Jaca.

hasta un punto en que lo abrupto del gran basamento rocoso parece no hacer ya necesaria esta defensa. La muralla está flanqueada por torres de planta circular abiertas al interior y en ella se abren dos puertas, también guarnecidas por cubos, una frente al altísimo ábside y otra cerca del extremo occidental. Guitart sugiere que esta muralla fue el cerramiento de la villa que debió haber junto al castillo y después se trasladó a un nivel más bajo, donde hoy está, con su parroquia del siglo XV. Nos da la impresión de que el espacio es estrecho para alojar una aldea, por pequeña que fuera, la cual constituiría un notable estorbo para la defensa de la fortaleza. En todo caso, una somera excavación del albacar aclararía este punto. Pero cuando contemplamos la incomparable escenografía del conjunto, vemos esa muralla en primer término como el recinto exterior que corresponde a tan hermoso y original castillo.

Detalle de la cúpula semiesférica sobre el crucero de la iglesia. En ella se veneraron las reliquias de San Demetrio, el procónsul martirizado en Salónica en el año 303 en tiempos del emperador Maximiliano.

Página siguiente:
Detalle de una de las cuatro trompas cónicas de la cúpula. Las trompas tienen la función de ochavar la planta cuadrada del crucero, para construir una base octogonal sobre la cual poder levantar la cúpula semiesférica.

La abundancia de ventanas y ventanales, casi siempre con decoración escultórica, en las diversas paredes del castillo evidencia el uso residencial del mismo, y pone de manifiesto la complejidad de sus dependencias.

Página siguiente:
Ventanas de la fachada principal del castillo sobre la puerta principal, formada por un arco de medio punto abocinado y rematada por un relieve mutilado, con la representación de Cristo en Majestad rodeado por el Tetramorfos y una inscripción en latín, cuya traducción es: «Guardes invictas estas mansiones. 1103».

ALCÁZAR DE SEVILLA

Si permitimos un margen de libertad a nuestra imaginación, dejándola que se apoye en vestigios arqueológicos acaso insuficientes para sentar una hipótesis, supondríamos que en el solar donde se asientan los Reales Alcázares de Sevilla ha habido sucesivas residencias palaciegas, sin solución de continuidad, desde hace más de dos mil años hasta los tiempos en que vivimos. En efecto, pudo estar allí el pretorio de César, unas décadas antes de Cristo, cuando en la Bética se combatía a las tropas de Pompeyo. Algún inconfundible sillar visigodo dará testimonio de la presencia de magnates de aquella época y así se puede deducir en textos de san Isidoro.

La continuidad rigurosamente histórica se afirma desde el emirato de Córdoba. Consta en cronistas del califato y perdura en la taifa sevillana desde comienzos del siglo XI.

Queda visible una buena parte de la gran obra realizada por los reyes almohades en la centuria siguiente. Y despúes es alcázar de todos los reyes cristianos que tuvo Castilla y luego España, desde Fernando III el Santo hasta Juan Carlos I de Borbón. Sus estancias siguen estando dispuestas todos los días para acoger a los monarcas en sus visitas a la ciudad e, incluso, para fastos y ceremonias de la familia real. Muy pocos edificios en el mundo pueden disponer de un historial tan prolongado.

Pero nuestro estudio ha de prescindir de restos reservados a la investigación de los arqueólogos, para comenzar en lo que el visitante de hoy puede apreciar con sus propios ojos. En este sentido, la historia se inicia con la implantación en Sevilla de los almohades, que en el siglo XII ampliaron su reino africano, salvando el Estrecho, y estableciendo su capital en Sevilla. La derrota sufrida por ellos en las Navas de Tolosa, en 1212, inició una rapidísima decadencia. El rey castellano Fernando III conquistó Sevilla el 23 de noviembre de 1284, tras duro asedio.

Los almohades, pueblo que baja con gran empuje de las montañas del Atlas, pone pie en la península Ibérica en 1147. Al frente de ellos, Abu Yacub Yusuf, un príncipe beréber de barba rubia, instala su residencia en Sevilla. Asombra su capacidad para emprender grandes construcciones en un siglo justo de dominio de tierras de Al-Andalus.

Los almohades cercan la ciudad con muralla, construyen la mezquita mayor, de la que subsisten el patio de los Naranjos y el al-

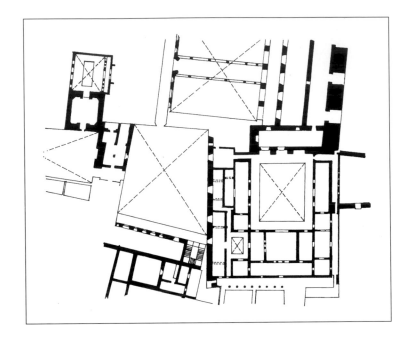

Planta del Alcázar de Sevilla.

minar que conocemos como La Giralda. También es obra de los almohades la robusta Torre del Oro.

Y rehacen el palacio que ya era antiguo, fortificado, dentro de un amplísimo recinto amurallado.

La muralla ha sido muchas veces reparada y rehecha. Está guarnecida por torres cuadradas salientes, rematada actualmente por almenas acabadas en pirámide.

Del palacio almohade apenas subsiste otra cosa que el llamado «patio del Yeso», encerrado en construcciones posteriores. El frente principal de este patio rectangular conserva una gran portada con arco túmido apuntado, decorado con atauriques y tres arcos más pequeños cada lado, sobre los que se alza una tracería de yeso bastante irregular. La entrada al salón que había detrás se hace por un doble arco de herradura, de aire más arcaico. Una gran puerta de herradura, en un lateral, decorada también con yeserías, comunica con una estancia cuadrada a la que se denomina «sala de Justicia», que debió formar parte del alcázar viejo, aunque su decoración sea mudéjar y, por tanto, posterior.

El gran núcleo del actual Alcázar fue construido por Pedro I el Cruel, a quien conmemora una inscripción que lleva la fecha de

Jardines del Alcázar o palacio fortificado. La jardinería fue un elemento clave en la arquitectura civil islámica. En Al-Andalus se desarrolló un lenguaje paisajístico que reflejaba los valores sociales, políticos y económicos otorgados a la tierra. Los jardines actuales más antiguos del alcázar sevillano pertenecen al período renacentista.

Páginas siguientes:
Vista general del Alcázar. La construcción actual corresponde básicamente al siglo xiv, cuando Pedro I el Cruel, rey de Castilla y León, renovó el palacio almohade anterior, del que todavía subsiste el patio del Yeso. No obstante, el Alcázar sufrió varias reformas posteriores, siendo las más destacadas las emprendidas en época de los Reyes Católicos y Carlos V y, más recientemente, en tiempos de la reina Isabel II (1854-1857).

1366. Pero antes que él habitaban el Alcázar los reyes de Castilla, desde Fernando III el Santo. Su hijo, Alfonso X, levantó un palacio nuevo, ateniéndose al gusto de su tiempo, es decir, en estilo gótico de influencia francesa, del que no queda más que un salón actualmente subterráneo por haberse construido encima el patio del Crucero. Consta dicho salón de once tramos bajo bóveda de crucería, comunicándose con dos galerías laterales cubiertas por bóveda de cañón apuntado.

El Rey Sabio introducía así el arte europeo cristiano, pero sus sucesores sentirían el hechizo de la decoración musulmana y, en adelante, prefirieron utilizar artífices moriscos, creadores del estilo mudéjar, por lo que las estructuras de los estilos cristianos sucesivos se interpretan con los medios y con el gusto ornamental de la tradición musulmana. Ya Alfonso XI hace revestir con yeserías moriscas la mencionada sala de Justicia.

Pedro I es un enamorado de las maneras y de las costumbres moriscas. Y como es él quien acomete la gran renovación del Alcázar, declara como norma obligada la de mantener los cánones hispanoárabes, con sus variadas fórmulas, en la arquitectura y, sobre todo, en la decoración.

El palacio de don Pedro se levantó aislado del antiguo del Yeso, dentro del extenso recinto. Dos patios sirven para agrupar en torno a ellos las estancias. Uno estaría destinado a los salones de recepción y solemnidad. El otro, mucho más pequeño, reuniría las habitaciones de la residencia. El primero es el famoso patio de las Doncellas, en uno de cuyos testeros se abre el no menos célebre salón de Embajadores. El patio pequeño es el de las Muñecas, llamado así por unas cabecitas femeninas que aparecen en la ornamentación.

El rey nazarí Muhammad I, con quien Pedro I guarda buena relación, le envió artífices granadinos de los que trabajaban en la Alhambra, lo cual acentuó todavía más el carácter morisco del edificio. El patio de las Doncellas está formado por arcos apuntados y lodulados sobre esbeltas columnas, desde cuyos sencillos capiteles surge fastuoso el ataurique que cubre las enjutas de los arcos en su totalidad. Encima hay una segunda planta de galerías del siglo XVI con balaustradas renacentistas, sin que el contraste de estilos perjudique al conjunto.

No podemos extendernos aquí en la descripción de los magníficos salones, con sus zócalos de azulejos sevillanos y sus dorados techos formando alfarjes o complicadas cúpulas mozárabes.

De los Reyes Católicos es el oratorio situado en el piso alto, en un gótico florido con resabios mudéjares, presidido por el retablo de azulejo, obra de Nicoloso Pisano. Muchas son también las obras de arte que muestra el Alcázar en cuadros de diversas épocas y en tapices, como la magnífica serie de la conquista de Túnez.

Detalle de las torres cuadradas salientes de la muralla, con las almenas rematadas en pirámide. Rehecha en varias ocasiones, la muralla del alcázar sevillano se levantó durante el período almohade, cuando fue prolongada hasta el río Guadalquivir. Precisamente, la célebre Torre del Oro es de la misma época y formó parte de la defensa del Alcázar. Construida por Abu el-Ola, esta torre debe su nombre al hecho que en ella se guardó el oro del rey Pedro I el Cruel y, más tarde, el procedente de América.

Elemento indispensable en los alcázares musulmanes es la jardinería. La de Sevilla es amplísima, rica y variada. Su trazado es, en líneas generales, el del jardín islámico, dividido en pequeños espacios cuadrangulares. Cada uno de ellos responde a una composición propia y procura crear una intimidad peculiar, en la que gocen los diversos sentidos con el verdor y los colores de la vegetación, con el rumor de canalillos y surtidores, con el canto de los pájaros, con el aroma de las flores.

Esta disposición en sectores bien delimitados ha permitido que allí hayan dejado sus obras expertos jardineros de diversas épocas, de tal modo que podríamos considerar su conjunto como un museo histórico del jardín mediterráneo.

Tanto refinamiento y tantas maravillas no deben hacernos olvidar que el Alcázar es, en principio y ante todo, una fortaleza que encierra sus tesoros y sus placeres tras poderosas murallas.

Arcos de entrada al salón de Embajadores. Desde el patio de las Doncellas se accede a tres grandes salones: el dormitorio de los Reyes, el salón de Carlos V
y el salón de Embajadores, siendo éste último el más importante de los tres. En su entrada principal figuran dos inscripciones: una religiosa en caracteres góticos
y la otra conmemorativa, en árabe, cuyo texto de alabanza al rey Pedro I el Cruel fecha el salón en el año 1366 de la era cristiana.

Página anterior:
El patio de las Doncellas es el núcleo de las dependencias oficiales del palacio construido por Pedro I el Cruel en el siglo xiv con artesanos de la corte nazarí,
aunque estructuralmente recuerda más soluciones cordobesas que granadinas, porque deriva de estructuras palaciegas anteriores. Bajo el reinado de los Reyes Católicos
se restauraron las techumbres de las galerías y durante el siglo xvi se realizó una importante reforma, a la cual pertenecen las columnas pareadas del cuerpo inferior,
procedentes de Italia, y la galería renacentista superior. Son especialmente interesantes los alicatados de los zócalos, correspondientes al siglo xiv.

Página siguiente:
El salón de Embajadores está cubierto por una magnífica cúpula semiesférica realizada en 1427 y montada sobre un friso con castillos y leones, referentes a los reinos
de Castilla y León, y pechinas de mocárabes. La suntuosa decoración se complementa con los espléndidos alicatados de los zócalos, semejantes a los de La Alhambra
de Granada. En este recinto se celebró la boda entre Carlos V y su prima Isabel de Portugal el 11 de mayo de 1526.

Torreón y camino de ronda. En su origen, la muralla de la Alcazaba tuvo 12 puertas fortificadas, 110 torres principales y 22 de secundarias. Declarada Monumento Nacional en 1931, las obras de restauración fueron dirigidas por el arquitecto Leopoldo Torres Balbás, especialista en arquitectura árabe, conservador de La Alhambra de Granada desde 1923 y técnico del Patrimonio Arquitectónico Nacional desde 1929.

en restauración que acaso una crítica purista consideraría excesiva, pero que resulta necesaria si se quiere dar al visitante una noción aproximada de lo que aquello fue en otro tiempo.

Algunas torres y restos de muralla se suceden monte arriba para unir la Alcazaba con el castillo de Gibralfaro que, como ya hemos dicho, está en lo más alto del monte. Era más pequeño que aquélla. El elemento fundamental de su construcción son las sólidas torres cuadradas.

Quedan así ambas fortalezas cerradas dentro de un extensísimo y accidentado recinto.

Hay noticias de que, mejor o peor conservados, estos edificios sobrevivieron, y consta que en las habitaciones de la Alcazaba pudo hospedarse Felipe IV en la primera mitad del siglo XVII, pues el edificio era pertenencia del Patrimonio Real. Carlos III autorizó el derribo de las murallas para ganar suelo edificable en la ciudad. Los franceses ocuparon Gibralfaro y la Alcazaba bastante tiempo durante la guerra de la Independencia.

Después vino el abandono y la degradación, reducidas las ruinas de la montaña a chabolas y refugios de gentes de dudosa vida.

En este estado, las ruinas de ambas fortalezas sobre la anchurosa ciudad, entusiasmaron a Prosper Merimée, quien naturalmente las encontró «muy románticas» cuando las contempló desde el mar, al pasar embarcado ante ellas.

Fernando Pérez del Pulgar, quien según cuenta en su *Crónica de los Reyes Católicos* estuvo en la conquista de Málaga, describió con asombro el aspecto de la ciudad y sus fortificaciones.

Los templarios de Miravet tomaron parte en todas las empresas bélicas de la Corona de Aragón, destacando sus hazañas junto a Jaime I en las conquistas de los reinos de Mallorca y Valencia. Sin embargo, su posesión del castillo de Miravet y su propia condición de caballeros de la orden apenas iban a resistir un siglo y medio en Miravet. Bien conocida es la persecución contra la orden del Temple a comienzos del siglo XIV, el duro proceso contra ella y finalmente su disolución en 1312.

Aunque en la Corona de Aragón se intentó proceder con la mayor benevolencia, la actuación contra ellos comenzó en 1307 y en algunos casos las tropas reales hubieron de ocupar sus castillos por la fuerza de las armas. Así ocurrió en Miravet, que sucumbió en diciembre de 1308. Pretende la tradición que, en el aniversario de la derrota, se oyen en el castillo las voces de un templario fantasma que llama a sus hermanos a la resistencia.

Miravet, junto a los demás castillos de la orden en estos reinos, fue entregado a otra orden, la del Hospital de San Juan de Jerusalén, en la que ingresaron muchos caballeros de la disuelta, cuya inocencia reconoció, en 1312, un concilio reunido en Tarragona.

En siglos sucesivos, Miravet mantuvo su función guerrera en las diversas alteraciones que sufrió el país. Fue desmantelado a comienzos del siglo XVIII, y tras la guerra de Sucesión fue testigo de encuentros entre carlistas y liberales durante las guerras civiles del XIX. Ya en ese tiempo y en virtud de las leyes de desamortización, había pasado a ser propiedad privada. Actualmente es atendido como monumento importante del patrimonio artístico de Cataluña.

Detalle de la bóveda de cañón ligeramente apuntada de la capilla del castillo, dedicada a Santa María de Gracia. La capilla, de nave única, mide 22 metros de largo, 8 de ancho y 11 de alto. Iluminada sólo por dos ventanas laterales y un rosetón, destaca por el ábside hemicircular empotrado en el muro, presentando una gran semejanza con la capilla del castillo de Peñíscola.

Salón del Cónclave. Sala subterránea y poco iluminada, cubierta por una bóveda que arranca a poca altura. No se trata, pues, de una estancia noble, sino de servicios; en realidad era la bodega mayor. La denominación actual se debe a que, al parecer, en ella se reunieron los cuatro cardenales de Benedicto XIII, tras su muerte, para elegir a su sucesor. La elección recayó en Gil Sánchez Muñoz que tomó el nombre de Clemente VIII, aunque tuvo que abdicar al poco tiempo.

Con estas murallas empalman las del oeste, que ascienden hacia el norte por la configuración del terreno. Son una muestra magnífica de la temprana fortificación abaluartada y se levantaron por orden de Felipe II terminándose en 1578, según la fecha que consta en tres distintas lápidas conmemorativas. Son de excelente construcción, con muros en talud y gola bajo parapeto. Presenta cuerpos salientes en ángulo con rudimentarios baluartes. Destaca, como extraordinario modelo de arquitectura militar, el llamado *«Portal Fosc»,* que alguien atribuye a Juan de Herrera.

Se encargó de llevar a término la obra de esta muralla el lugarteniente y capitán general del reino de Valencia, Vespasiano Gonzaga Colonna a quien celebra la más importante lápida de las tres mencionadas. Está escrita en pomposos dísticos elegíacos latinos que ensalzan su valor en las armas y su ingenio en las artes. Pero lo que más resalta con agradecimientos es que sin duda durante las obras se descubrió una copiosa fuente de agua dulce, brotando del interior de esos peñascos rodeados por el mar. *E salso has dulces aequore traxit aquas,* «del amargo mar sacó estas dulces aguas», dice el bello pentámetro, atribuyendo el prodigio a Gonzaga. Allí está la fuente y de ella se alimentó el lavadero público situado a su lado.

En la actualidad, el castillo está perfectamente mantenido y no sólo recibe miles de visitas turísticas, sino que también es con frecuencia marco de actividades culturales.

Recinto principal con la torre del homenaje y muralla circundante. Ubicado en lo más elevado del conjunto, el recinto tiene una longitud aproximada de 20 × 15 metros. Para incrementar la verticalidad de la muralla, la roca ha sido cortada, de modo que a los 5 metros de la muralla hay que añadir otros 5 correspondientes a la roca. Como en otros sectores de la muralla, en esta pared de roca cortada hay unos agujeros alineados que seguramente soportaron los andamios usados para la construcción de los muros.

Página anterior:
Torre circular del recinto amurallado que protegía a la población por el norte. En la torre hay varias aspilleras para armas de fuego, lo que significa que en este sector los muros no son los originales. De hecho, las murallas del conjunto se fechan en los siglos XII-XIII, a pesar que la parte superior corresponde a los siglos XVI-XVII.

Página siguiente:
Ventana ajimezada tardorrománica de la fachada principal del palacio y vano cubierto con dintel. En el año 1916 el castillo fue subastado. Sus actuales propietarios lo adquirieron en 1964 y desde entonces emprendieron unas obras de restauración encaminadas a restituir el aspecto medieval del conjunto, lo que comportó la recuperación de ventanas románicas y góticas. El pueblo entero fue declarado conjunto histórico-artístico en 1975.

de un romántico tardío y otras de gótico incipiente, puertas en medio punto y escalera exterior a la catalana, adosada al exterior del muro de uno de los patios para subir a la planta principal. Cabe mencionar la que el inventario llama *«cambra nova pintada»* por su decoración netamente mudéjar de pinturas y yeserías, aunque ha desaparecido el techo de alfarje. Sin duda, fue necesario traer artífices moriscos, quizá de Aragón o de Valencia, pues una ornamentación de esta especie resulta insólita en Cataluña. Se conservan otros bellos techos pintados, preferentemente con temas heráldicos: armas de la Corona de Aragón y pequeñas cruces griegas de plata sembradas en campo de gules, a veces circunscritas en el escudo, pero otras extendiéndose sin limitación hasta cubrir extensas superficie de vigas y tablas de artesonado, como un motivo ornamental. Las crucecitas fueron aportadas por un linaje, el de Cruilles, para el que, en catalán, son armas parlantes. Eran señores de pueblo así llamado, muy cercano, también en el Bajo Ampurdán, donde tenían su castillo, del que queda una torre muy alta y muy rara, cilíndrica con gálibo en

su perfil, a nuestro juicio no posterior al siglo XI. La familia de Peratallada llegó a quedar interrumpida en su línea masculina. Entonces Gilaberto de Cruilles casó con la heredera y pasó a residir en la mansión conyugal, adoptando para su descendencia el apellido compuesto y la grafía Cruylles de Peratallada, cuya línea directa perdura en nuestros días, aunque no en el castillo, que hoy tiene otros propietarios.

Los Cruylles de Peratallada, varios de los cuales llevaron el nombre Gilaberto, fueron personajes muy importantes en la Edad Media catalana. Uno fue famoso almirante, y todos políticos y guerreros. En pinturas murales de los siglos XIII y XIV se les ve junto al rey, participando en sus consejos, o bien los hombres de su mesnada formando en el ejército real y luciendo las plateadas crucecillas en el casco.

Por encargo de los actuales propietarios, durante unos años a partir de 1964, el eminente arquitecto don Joaquín de Ros realizó una restauración modélica, en la que logró descubrir y revalorizar con el mayor respeto un monumento interesantísimo que estaba en gran parte oculto por reformas posteriores.

Muro lateral del siglo X reutilizado para construir la sala mayor del palacio en el siglo XIII. Destaca por la colocación de los sillares «a soga y tizón», es decir alternando una hilada de sillares con la cara mayor visible con otra hilada que muestra la cara más estrecha, de forma que la segunda hilada penetra más en el muro para trabarlo.

Decoración mudéjar de la sala documentada como «cambra nova pintada» en un inventario encargado por la viuda de Gilaberto de Cruilles el 17 de noviembre de 1395. En la sala también se pintaron escudos heráldicos de la Corona de Aragón y del linaje catalán de Cruilles, consistentes en cruces griegas de plata sembradas en campo de gules. A mediados del siglo XIII el castillo de Peratallada se convirtió en la residencia predilecta de los barones de Cruilles, tras el matrimonio en el año 1266 de otro Gilaberto de Cruilles con la hermana de Poncio de Peratallada, muerto sin sucesión.

Abertura cruciforme. En el muro meridional de la sala mayor o *aula maior* del palacio hay unas ventanas de doble alféizar que tienen unas aberturas en forma de cruz.

Página anterior:
Arcos diafragma apuntados de la sala mayor del palacio o *aula maior*, según denominación de un inventario del año 1395. Tiene una longitud interior de 17 × 5,5 metros y está cubierta con techumbre de vigas de madera a dos vertientes, que descansa sobre cuatro arcos diafragma apuntados.

Ménsulas góticas con figuras humanas. En el Museo Nacional de Arte de Cataluña se conservan varios modillones de una techumbre de madera procedentes del castillo de Peratallada y fechados a principios del siglo XIV, seguramente pertenecientes a la llamada «cambra nova pintada» descrita en el inventario de 1395 encargado por Elvira de Puigpardines, viuda de Gilaberto de Cruilles.

MENDOZA
(ÁLAVA)

He aquí un monumento de excepcional sencillez, con méritos para ser incluido en esta antología de los castillos españoles. Históricamente lo abona el hecho de ser el primer solar de una de las más ilustres familias de España, la más poderosa en una época culminante. Los Mendoza tendrían su tronco y tomarían su apellido de este lugar de la llanada de Álava, a escasos kilómetros de Vitoria, en zona muy romanizada, junto a las ruinas de la ciudad de Iruña y al lado del pueblo llamado Trespuentes por los de fundamentos romanos que por allí salvan el cauce del río Zadorra. De este lugar salió la familia Mendoza, abierta luego en varias ramas —López de Mendoza, González de Mendoza, Hurtado de Mendoza, etc.—, las cuales dieron hombres insignes que recibieron numerosos títulos nobiliarios: conde de Tendilla, marqués de Santillana, marqués del Zenete, duque del Infantado, por no citar más que a los primeros que vienen a la memoria. Al cardenal don Pedro González de Mendoza, como ya se ha dicho en la Introducción, se le llamaba «el tercer rey de España» en tiempo de los Reyes Católicos. Casi todos ellos fueron grandes constructores que levantaron palacios, templos, hospitales, edificios universitarios... Los Mendoza, con su espíritu emprendedor, fueron los introductores del Renacimiento en España. En poco más de doscientos años pasaron del primitivo solar de Mendoza al máximo grado de riqueza y de poder.

La segunda razón para incluir aquí el castillo de Mendoza es su sencillez, que le da valor de prototipo. Decíamos en páginas anteriores que los elementos esenciales del castillo señorial son una torre residencial y una muralla que la rodee. Aquí tenemos exactamente eso y nada más. Un cuadrilátero amurallado de algo más de veinticinco metros de lado tiene en su centro una torre de planta también cuadrangular de veintiún metros de altura.

En realidad, el elemento básico es la torre. En Navarra, en todo el País Vasco y en la parte alta de Castilla abunda la casa-torre, mansión de una familia hidalga. En esos territorios fue y es muy abundante la pequeña nobleza, que cifraba su orgullo en este modelo de residencia señorial y en el gran escudo de armas, bien grande, tallado en piedra sobre fachada.

La muralla exterior de Mendoza, de unos cinco metros de altura, con hiladas de piedra caliza toscamente labrada, se guarnece

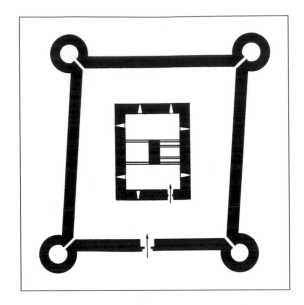

Croquis del castillo de Mendoza.

con cuatro torreones cilíndricos algo más altos en las esquinas. Nunca debió tener almenas, sino un camino de ronda hecho con losas, del que al parecer quedaban restos. Acaso tuvo foso, al que podría llegar el agua del río Laña, que aún cumple esa función por uno de los lados. En el muro únicamente se abren saeteras abocinadas hacia el interior, además de la puerta, en arco apuntado de perfil muy primitivo.

La gran torre mantenía en pie sus muros completos, pero dentro habían desaparecido sus varios pisos y carecía de cubierta. En una antigua fotografía la vemos cubierta de espesa yedra y rematada por unos modillones o canecillos que sostenían un estrecho voladizo de losas; es posible que encima hubiera un pequeño parapeto corrido. La puerta de acceso a la torre está a la altura del piso principal, alcanzándose por una escalera exterior adosada. Los pisos primitivos se acusan por escasas y estrechas ventanas de varias formas.

Es posible que torre y muralla se construyeran al mismo tiempo, pareciendo acertado atribuir toda la obra al primer tercio del siglo XIII.

Vimos muchas veces este monumento durante nuestra niñez y adolescencia. Le llegó la hora de su restauración en 1963. Se re-

El castillo de Mendoza consta de una torre residencial de 21 metros de altura, ubicada en un recinto cuadrangular amurallado de unos 25 metros de lado. Fue el primer solar de uno de los linajes nobiliarios castellanos más ilustres: el de los Mendoza, señores de Llodio, que se extinguió en el siglo XIII, pero cuya primogenitura pasó a una línea sucesoria colateral que prosperó tras la colaboración de Pedro González de Mendoza en la entronización de los Trastámara en el reino de Castilla durante el siglo XIV. Otro Pedro González de Mendoza (1428-1495), arzobispo de Toledo en 1482, acumuló tanto poder en tiempos de los Reyes Católicos, que se le conocía como «el tercer rey de España».

Páginas siguientes:
Detalle de las partes superiores de uno de los cuatro torreones cilíndricos y de la fachada de la torre residencial. En la fachada de la casa-torre sobresale un inadecuado matacán decorativo, fruto de una restauración emprendida en 1963. En su origen, los matacanes servían para arrojar proyectiles o líquidos al enemigo que se acercaba a las murallas.

Interior de la torre. Levantada en el siglo XIII, la torre ha sido objeto de una profunda restauración a partir del año 1963, ya que no conservaba ni los pisos interiores ni la cubierta. Actualmente alberga un museo heráldico.

montaron las piedras desmoronadas de la parte alta de la muralla. Se quitó la centenaria yedra y se limpió toda la torre. Se rehicieron los pisos de su interior. Y todo ello parece acertado, si exceptuamos acaso el discutible tejado a cuatro vertientes (que sin duda obedece a razones prácticas en aquel clima lluvioso) y el adorno injustificado de los matacanes dispuestos en lo alto y en el centro de las fachadas.

Actualmente la torre de Mendoza es Museo Heráldico, en el que se recogen y conservan, digna y útilmente, las piedras armeras que campeaban en las calles de ciudades, villas y aun aldeas, ahora caídas frente al empuje de la modernización. No podía encontrar mejor destino el primer solar del nobilísimo linaje de Mendoza.

Detalle del foso. El castillo tiene un foso seco formado
por un muro en talud que sirve de basamento al edificio.

Vista del castillo con la torre del homenaje en primer término.
En los subterráneos de esta torre se ubicó la célebre prisión
conocida como «la Olla». Entre los prisioneros del castillo
destacan entre 1802 y 1808 Gaspar Melchor de Jovellanos,
ministro de Carlos IV, y el general liberal Luis Roberto de Lacy,
fusilado en el castillo en 1817.

Páginas anteriores:
El castillo tiene cuatro torres dispuestas simétricamente, de las cuales tres son semicirculares y están unidas al cuerpo principal del castillo. La cuarta torre (la del homenaje)
es albarrana y está unida al castillo por un puente. Entre las torres se ubicaron grandes garitas sobre pilares que suben desde el foso.

Página siguiente:
Ventana geminada. Construido por orden del rey Jaime II de Mallorca con la doble función militar y residencial, en el castillo habitaron ocasionalmente el rey Sancho
de Mallorca y Juan I de Aragón, éste último huyendo de la peste que afectaba a Barcelona en 1395. Cedido por el Estado al Ayuntamiento de Palma de Mallorca en 1931,
acoge desde entonces el museo municipal de arte e historia local.

ALCÁZAR DE SEGOVIA
(Segovia)

El celebérrimo acueducto romano de Segovia fue construido en el siglo I de nuestra era para llevar el agua hasta la elevada acrópolis de aquella ciudad castellana que, sin duda, ya tenía una poderosa fortaleza en el emplazamiento del actual Alcázar. Obras sucesivas se han superpuesto y han borrado todo vestigio de aquellos tiempos, pero es seguro que un lugar de tal valor estratégico fue siempre utilizado para la defensa del núcleo urbano y del territorio bajo su dominio.

Sin embargo, la historia del Alcázar no puede remontarse más que hasta la época en que Alfonso VI, en el último cuarto del siglo XI, reconquista tierra y repuebla ciudades al sur del Duero, hasta Toledo y aun más allá. En esa repoblación está incluida Segovia y hay que suponer que en esas mismas fechas comienza la construcción del gran palacio fortificado, cuyas obras fueron continuadas por otros monarcas, incluido Felipe II, avanzado ya el siglo XVI.

Entre las laderas cubiertas de vegetación, desciende el peñascal y se va estrechando hasta hacerse un agudo espolón sobre la confluencia de los ríos Eresma y Clamores, que así forman un foso natural en la parte más avanzada del castillo, guarnecida esta punta del edificio por una robusta torre cilíndrica. La fortaleza es mucho más ancha, al nivel de la meseta donde se asienta la parte alta de la población, con la catedral, comunicada con la explanada que antecede al Alcázar por una estrecha y larga calle que conserva todo su carácter medieval.

Éste es el camino normal para dirigirse al Alcázar y hallar su entrada bajo la descomunal torre del homenaje, tras salvar un ancho y hondo foso artificial, abierto de un extremo a otro de la fachada, ante la cual hay una barrera limitada por dos torres cilíndricas.

En el interior no se percibe un claro de conjunto, pues la disposición de las salas responde a reformas, ampliaciones y añadidos, puestos en diversas épocas por la necesidad constante de ganar espacio sin rebasar el delimitado por la muralla exterior. La única pauta es la que dan los dos patios sucesivos, ya que a su alrededor se agrupan las salas para recibir luz por ellos.

Puesto que el Alcázar fue residencia favorita de algunos reyes, cada uno de ellos lo acondicionó a su gusto en cuanto le fue posible. Cabe destacar las frecuentes estancias de Fernando III y las largas temporadas que pasó Alfonso X el Sabio, pues según la tradición allí escribió algunos de sus libros. Pero los monarcas más asiduos del fuerte palacio segoviano fueron los de la dinastía de los Trastámara. A uno de ellos se le atribuye el cuerpo más sobresaliente y vistoso de la fortaleza, la torre del homenaje, tenida por obra de Juan II, aunque es probable que su terminación hubiera de llevarla a cabo su sucesor Enrique IV e incluso Isabel la Católica. La torre es en realidad extraordinaria, no sólo por sus dimensiones sino también por la elegante proporción de la docena de garitas semicirculares que componen su remate, sostenidas por ménsulas cónicas molduradas y coronadas por un ancho anillo imbricado. Resulta curiosa su gran fachada con tres extraños matacanes goticistas, algunas ventanas y toda su superficie decorada con el popular esgrafiado segoviano de aire mudéjar.

Esta magnífica torre es la última de las obras medievales en el Alcázar. En ella hallaría refugio Isabel la Católica contra sus enemigos, acosada en su lucha por lograr la corona de Castilla, junto a su fiel amiga Beatriz de Bobadilla, cuyo esposo regió el Alcázar como alcaide. Y fue allí donde primero fue reconocida y proclamada reina.

Con los Austrias dejó el Alcázar de ser residencia regia. El emperador viajaba constantemente por toda Europa y, cuando tenía tiempo de detenerse en España, lo hacía en Toledo, donde construía su propio alcázar imperial. Felipe II estableció la capital de su reino en Madrid, pero se preocupó del Alcázar segoviano e hizo en él trascendentales reformas. Por una parte, modificó los patios, rehaciendo por entero el mayor de ellos en estilo herreriano, de despojado clasicismo, el cual se había definido y articulado en El Escorial. Y, además, cambió las techumbres, adoptando los chapiteles cónicos de pizarra que le habían gustado en Flandes y que eran ajenos por completo a la tradición española, si exceptuamos las cubiertas del castillo de Olite, en Navarra, por decisión de los reyes de la dinastía francesa de Evreux. Felipe II repitió, además, los chapiteles de pizarra en Simancas.

Todas las salas del Alcázar estaban suntuosamente decoradas en paredes y techos, predominando el gusto mudéjar. Gran parte de esa ornamentación se debe a Enrique IV en los años centrales del siglo XV. Y los motivos que las adornaban daban su nombre a

Techumbre de la sala de los Reyes. Esta sala rectangular de 17 × 12 metros, la mandó construir Alfonso X el Sabio. Es la más antigua y lujosa de todas las estancias del Alcázar. La decoración mudéjar obedece a mediados del siglo XV, bajo el reinado de Enrique IV. La denominación de la sala se debe a la existencia de esculturas con los soberanos de Castilla.

Páginas siguientes:
Vista de la ciudad de Segovia con el Alcázar en primer término y la Catedral al fondo. De origen romano y posteriormente ocupado por los musulmanes,
el origen del actual Alcázar se remonta al siglo XI, aunque se amplió entre los siglos XIII y XVI. Tras el incendio del año 1862, se reconstruyó a finales del siglo XIX.

las diversas estancias: de las Piñas, del Solio, de la Galera, del Cordón, etc. La llamada «de los Reyes» tenía un friso con las efigies de los soberanos de Castilla. Tales salas estaban cubiertas con alfarjes y artesonados. Se conoce el nombre de uno de los decoradores al servicio de Enrique IV, el morisco Xadel Alcalde.

En 1862 un incendio devastó el Alcázar, destruyendo prácticamente todos esos ricos interiores, aunque también puso al descubierto algunas estructuras más antiguas, que reformas posteriores habían dejado ocultas. Siguió a este desastre una restauración de las que se hacían entonces, concienzuda y excesiva. Por fortuna, queda un excelente testimonio gráfico de lo que era el Alcázar antes del siniestro. Es un álbum de dibujos acuarelados, muy detallistas, fieles y completos, que unos años antes había realizado el profesor José María Avrial. Y tenemos también un documento lite-

rario mucho más antiguo: el entusiasta relato de un viajero que visitó España precisamente en tiempos de Enrique IV. Se trata del barón bohemio León de Rosmithal, quien describe maravillado la esplendidez de los patios y de los salones del Alcázar.

A mediados del siglo XX, liberado el edificio de su dedicación como Academia del Cuerpo de Artillería, se constituyó un patronato que cuida del monumento y, renunciando a una reconstrucción arbitraria e inadmisible, prefiere evocar en lo posible el ambiente del antiguo palacio, instalando algún techo auténtico, análogo en época y estilo a los que allí hubo y procedente de algún lugar ruinoso, o instalando alguna pieza de mobiliario medieval español, tan escaso. Estos elementos ayudan al visitante a imaginar el ambiente interno, tras admirar la grandiosa nobleza de la construcción.

Detalle de la gran torre del homenaje o torre de Juan II, rey al que se atribuye su construcción, a pesar que se continuó durante el reinado de su hijo, Enrique IV.
En esta torre se refugió la futura reina de Castilla, Isabel la Católica, durante la lucha por la corona, tras la muerte de su hermano, Enrique IV, siendo proclamada
reina de Castilla por un sector de la nobleza en 1474.

Páginas anteriores:
El alcázar segoviano se levanta sobre un espolón rocoso en la confluencia de los ríos Eresma y Clamores, formando un foso natural en la parte más avanzada del castillo.

A partir de 1554, bajo el reinado de Felipe II, se realizaron importantes reformas. La más espectacular consistió en adaptar los tejados al gusto flamenco o centroeuropeo,
con lo cual se incorporaron chapiteles cónicos y tejados de pizarra.

Lacerías decorativas mudéjares. Aunque el actual Alcázar empezó a construirse
durante el último cuarto del siglo XI, en tiempos de Alfonso VI, la mayor parte de
la decoración original de las paredes y techos de las salas era de gusto mudéjar,
siendo ejecutada durante el reinado de Enrique IV.

Vista parcial de La Alhambra con la torre de Comares y la Alcazaba con la torre de la Vela. Edificada sobre un monte, en la confluencia de los ríos Darro y Genil,
el recinto fortificado de La Alhambra tiene forma alargada y consta de tres sectores: la alcazaba militar, la zona palaciega y la medina de los artesanos. A excepción del palacio
de Carlos V erigido entre 1526 y 1550, casi todas las construcciones conservadas pertenecen a la época de Yusuf I (1333-1353) y su hijo Muhammad V (1353-1391).
El conjunto fue declarado Monumento Nacional en 1870.

Detalle de la torre de la Cautiva. Junto con la torre de las Infantas, la torre de la Cautiva es uno de los ejemplares más significativos de torres-palacios de La Alhambra. Se trata de residencias para cortesanos, totalmente independientes del sistema defensivo de la fortificación.

Páginas siguientes:
Vista general del conjunto con la torre de los Picos en primer término, la torre del Peinador de la Reina y la torre de Comares a la derecha, y el palacio de Carlos V y la Alcazaba con la torre de la Vela al fondo. En relación con las tres áreas intramuros (alcazaba, palacios y medina), La Alhambra tenía tres calles principales: la calle Real Baja, la calle Real Alta y la calle de Ronda. La primera era el acceso principal a la zona palaciega, aunque en casos de asedio se transformaba en Foso de separación entre esta zona y la medina. La calle Real Alta era la vía central de la medina y, por último, la calle de Ronda –también conocida como foso– era la más importante, puesto que era la verdarera calle mayor de todo el recinto.

Vista del extremo oeste de la Alcazaba con el palacio del Generalife al fondo. El palacio del Generalife era el palacio de verano de los reyes nazarís, situado enfrente de La Alhambra en el Cerro del Sol. Edificado a finales del siglo XIII y principios del XIV, fue transformado en el siglo XVI. Una de las partes más emblemáticas del palacio es el patio de la Acequia, con un jardín organizado a lo largo de una corriente de agua axial central.

Torre de Comares desde la Alcazaba. Iniciado por Ismail I, continuado por Yusuf I y terminado por su hijo Muhammad V, el palacio de Comares fue la sede oficial del sultán. Como sede del poder, las dependencias palaciegas estaban ordenadas de forma jerarquizada hasta llegar al salón del Trono. Unido en el siglo XVI al palacio de los Leones, estos dos palacios representan dos tipos distintos de arquitectura doméstica árabe: lineal y monoaxial en el caso del palacio de Comares (palacio oficial) y asimétrico y con múltiples ejes en el caso del palacio de los Leones (palacio privado del sultán).

Alcazaba con la torre del homenaje al fondo. A diferencia de otras alcazabas medievales en las que la plaza de armas solía ser una explanada sólo con tiendas y elementos de fácil desmontaje y transporte, la Alcazaba de La Alhambra está edificada con 17 viviendas para la élite de la guardia, muchos barracones para la guardia joven, almacenes, un aljibe y un baño. El grueso del ejército acampaba en el exterior del recinto. En cuanto a la torre del homenaje, sin ser la más conocida ni la más destacada, es la más alta de todo el recinto y en su planta superior residía el jefe de la guardia.

Páginas siguientes:
Patio del Cuarto Dorado con la fachada del palacio de Comares. Proyectado como un elemento de transición entre las dependencias públicas y la residencia privada del sultán, en el lado sur de este patio se encuentra la fachada del palacio de Comares, la más decorada de toda La Alhambra. La doble puerta se construyó para confundir a un posible asaltante, ya que mientras la de la derecha no conduce a ninguna parte, la de la izquierda lleva a las estancias privadas del sultán.

Torre de los Picos. Esta torre preside una de las cuatro grandes puertas de la fortaleza: la puerta del Arrabal, que comunica con la zona noreste de La Alhambra y, como las otras tres, es de ascendencia almohade.

Patio de los Arrayanes o de la Alberca hacia el salón del Trono. Este patio con un estanque o *al-birkah*, rodeado de arrayanes, es el núcleo de una serie de patios organizados jerárquicamente con el fin de revelar progresivamente la presencia del sultán, en esta progresión hacia el salón del Trono. De 36 3 23 metros, el patio constaba de cinco viviendas independientes, además de una serie de servicios y del salón del Trono: al norte las habitaciones del sultán, al este y oeste las habitaciones de las cuatro esposas y al sur el servicio y las concubinas.

Páginas siguientes:

Cubierta de la sala de las Dos Hermanas del palacio de los Leones. Después de terminar las obras del palacio de Comares en 1370, durante el reinado de Muhammad V se debió empezar la construcción del palacio de los Leones. Este palacio era de recreo y estaba pensado para que los habitantes del palacio oficial (el de Comares) pudieran entretenerse en una de las cuatro salas destinadas seguramente a veladas musicales. La sala de la Dos Hermanas era una de ellas, cubierta con una espléndida cúpula de mocárabes con más de 5.000 celdillas o alveolos cayendo en cascada, tiene una acústica excelente.

Armadura cupular ataujerada. A partir del siglo XIV, en La Alhambra, y debido a la mayor sencillez de realización, las armaduras apeinazadas (en las que los elementos sustentantes presentan lacerías a base de cintas o peinazos ensamblados y no clavados) son substituidas por las armaduras ataujeradas (en las que los elementos sustentantes quedan ocultos por una tablazón sobre la cual se clavan elementos de lazo).

ALBURQUERQUE
(Badajoz)

Hay un tipo muy característico de fortificación, que además ha sido muy duradero, pues al menos con su papel teórico ha llegado hasta tiempos recientes. Nos referimos a las llamadas plazas fuertes fronterizas, situadas en la proximidad de la frontera con otro país y dispuestas siempre a rechazar cualquier agresión procedente del exterior. A partir del siglo XVI, se construyeron *ciudadelas* (Jaca, Figueras, por ejemplo), pero en la Edad Media eran importantes villas amuralladas protegidas por un castillo de grandes dimensiones y sólidas defensas. Tales son la misión y el aspecto que, en otros tiempos, tuvo Alburquerque, en Extremadura, muy próximo a la raya de Portugal.

Esa raya entre los reinos castellano y el portugués no estaba trazada con mucha precisión, por lo que había zonas de terrenos litigiosas, propicias a incidentes.

La villa tuvo un buen cerco de murallas, unido a los varios recintos escalonados del castillo. Éste se construye cuando ya hace tiempo que la Reconquista ha pasado por allí y el enemigo musulmán ha sido alejado.

En su origen, el castillo de Alburquerque es portugués, pues lo construye en 1314 un bastardo del rey don Dionís de Portugal, llamado Alonso Sánchez.

No debió agradar este enclave a los reyes de Castilla, dado que, cuarenta años más tarde, Pedro I el Cruel lo sitia, sin conseguir vencer su resistencia. Finalmente logró hacerse con esta fortaleza y la asignó a su valido Juan Alfonso de Alburquerque. Pero este último se pasó al bando del infante Enrique, quien ocuparía el trono de Castilla después de matar a su hermanastro Pedro en Montiel. Enrique II lo da a su hermano Sancho con el título de conde de Alburquerque. Luego la villa y el castillo se mantienen en la órbita de los soberanos de la casa de Trastámara y de sus privados.

En los últimos años del siglo XIV, se produce uno de esos conflictos fronterizos, sufriendo un violento ataque portugués al mando del maestre de Avis, quien en 1383 se coronó rey de Portugal y creó su propia dinastía.

Ya en tiempos de Juan II, se hacen fuertes en Alburquerque los infantes Enrique y Pedro. El rey tiene que reconquistar plaza y castillo y lo entrega a su favorito el maestre de Santiago don Álvaro de Luna. Por último, Enrique IV concede el señorío, ascendido a ducado, a su valido don Beltrán de la Cueva.

Puede imaginar el lector la actividad desarrollada en este castillo contra Isabel en su tantas veces mencionada lucha por el trono, sobre todo desde el momento en que los portugueses deciden intervenir en Castilla para ayudar a Juana la Beltraneja.

Su condición de fortaleza fronteriza implicará una vez más a Alburquerque en nuestra guerra de Independencia. A comienzos de 1808 los franceses se han infiltrado a través de España para invadir Portugal. Una vez declarada la guerra por el alzamiento del pueblo español, tropas inglesas llegan a defender a su aliado Portugal y desde ese territorio pasan a España y combaten, unidas a las españolas, hasta expulsar a las fuerzas napoleónicas de la Península. Alburquerque sufrió alternativas de ocupación por los ejércitos enfrentados.

Pero ya en esa época debía estar el castillo muy abandonado y habría desaparecido el ostentoso lujo con que, según era fama, había engalanado don Beltrán de la Cueva las estancias castrenses, convirtiéndolas en salones palaciegos. Pero el número y la robustez de sus torres ofrecían aún excelentes reductos desde donde lanzar acciones bélicas.

A partir de su enlace inferior, con el cerco de murallas de la villa, ascienden las del castillo por la ladera, formando hasta cuatro recintos sucesivos, jalonados por torres cuadradas. En lo más alto, es impresionante por sus proporciones la torre del homenaje, con matacanes en los centros de los lados a la altura de las almenas. Su severa magnitud se alegra con algún delicioso ajimez de arcos lobulados.

Pero lo más original y sorprendente es el conjunto formado por esa imponente torre y otra albarrana, menor, unida a la primera por un muro abierto como puente por un gran arco apuntado y cortado en un breve trecho para la instalación de un puente levadizo que pueda impedir instantáneamente el paso de una torre a otra.

A espaldas de estas dos torres el peñasco es vertical, inaccesible, a pesar de lo cual también se defiende por una muralla al pie y otra al nivel del recinto superior.

En suma, un áspero castillo serrano sobre las rutas de los contrabandistas.

Torre cuadrada almenada de uno de los cuatro recintos fortificados del castillo de Alburquerque.

Vista del castillo con la torre del homenaje a la derecha. Construido en 1314 por orden de Alonso Sánchez, hijo bastardo del rey Dionís de Portugal, el castillo fue donado en el siglo XV por el rey Juan II de Castilla al condestable Álvaro de Luna. En 1464 el rey Enrique IV lo cedió a su valido Beltrán de la Cueva, a quien se le atribuyó la paternidad de la infanta Juana, apodada precisamente «la Beltraneja», hija de Enrique IV y rival de su tía, Isabel la Católica, en la lucha por el trono de Castilla.

Página siguiente:
Edificado sobre un peñascal, el castillo mantiene el carácter militar por encima del residencial. Las abundantes saeteras de sus muros y los matacanes de la torre del homenaje recuerdan que fue, básicamente, una fortaleza fronteriza.

Probablemente lo más destacado de todo el castillo es la unión de la torre del homenaje con una torre albarrana cercana, mediante un gran arco apuntado y cortado en un pequeño tramo para ubicar un puente levadizo que impide el paso de torre a torre cuando está levantado.

Ventana ajimezada de la torre del homenaje. El aspecto severo, propio de una fortaleza militar y dominante en todo el castillo, sólo se interrumpe por la presencia de ventanas de dos huecos divididas por columnas y pensadas como miradores.

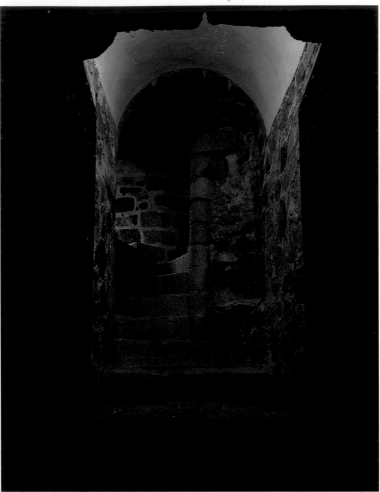

Arco apuntado y escalera de caracol. La austeridad ornamental de todo el recinto también se manifiesta en el interior del castillo, donde los únicos elementos decorativos presentes son las molduras de los arcos y de las impostas.

Página siguiente:
Detalle de una de las piedras del eje de la escalera de caracol con una espiral incisa.

PEÑAFIEL
(Valladolid)

Más que en ningún otro sitio se aprecia la honda significación del castillo ante el paisaje hispánico cuando se contempla la inconfundible silueta del de Peñafiel, encaramado en un risco que surge de improviso dominando la extensa llanura del Duero. Se le ve desde muy lejos y es señal de orientación en aquella naturaleza uniforme. El viajero va avanzando hacia él y lo que apenas era un punto en el horizonte va definiéndose poco a poco, aumenta su tamaño, se aclaran sus perfiles y por fin se impone al contemplador, que queda sobrecogido por su grandeza.

La alargada cresta del cerro que le sirve de base determinó su singular estructura: un recinto amurallado de 210 metros de longitud, pero muy estrecho, del que sobresale en su parte media la tremenda masa vertical de la torre del homenaje con sus 34 metros de altura.

Hubo allí fortaleza más antigua que los primeros condes de Castilla disputarían a los árabes, durante el periodo de la Reconquista en que se efectuó la repoblación de las tierras del Duero por los cristianos. Cuenta la leyenda que cuando el lugar fue definitivamente recobrado, el conde Sancho García plantó su lanza en lo más alto y exclamó: «Ésta será la Peña Fiel de Castilla», dándole así su nombre.

El castillo actual está rodeado en la ladera de la colina por una cerca o barrera sin torres de ningún tipo. En la cumbre, ajustándose perfectamente al estrecho terreno para aprovecharlo en toda su extensión, corre la larguísima muralla, de cuyo paramento destaca un buen número de torres cilíndricas; dos de ellas rematan los extremos, uno de los cuales es una verdadera punta y el otro algo más ancho, por lo que es un tópico comparar sus formas con la proa y la popa de este «navío de piedra» anclado en un mar de cereales. Toda la construcción de la mencionada muralla corresponde a los siglos XIII y XIV, siendo en su mayor parte obra del gran personaje que por ese tiempo fue señor de Peñafiel, el infante don Juan Manuel, cuya semblanza esbozaremos.

Casi en el centro del perímetro murado y en su parte más ancha se plantó la enorme torre del homenaje. Es rectangular, hecha de bien sentada sillería y con un coronamiento precioso, en el que las ocho torrecillas, puestas en las esquinas y en los centros, enlazan con las almenas y parapeto del matacán corrido sobre ménsulas, siendo éste el más bello remate de las torres castellanas del siglo XV. En esta centuria fue levantada, ostentando blasones de sus nuevos dueños, los Téllez Girón, duques de Osuna que también recibieron el marquesado de Peñafiel.

Hemos aludido antes a don Juan Manuel, llamado infante aunque no lo fuera, pero sí casado con una infanta, y con linaje de lo más encumbrado. Era nieto de Fernando III el Santo, pues su padre, Manuel, era el último hijo varón de aquel rey. Nació así un linaje que tomó como apellido el patronímico del fundador. Nuestro don Juan Manuel vino a la vida en 1282 y le correspondió el señorío de Elche, del que fue desposeído, recibiendo a cambio el de Peñafiel. Fue el principal constructor y morador de su castillo.

Era don Juan uno de los señores más ricos de Castilla, lo que unido a su alta alcurnia le permitió intervenir con gran ímpetu en la política del reino y, sobre todo, en las intrigas y rivalidades entre los nobles y en las rebeldías contra el rey, turbaciones todas ellas que mantenían a Castilla en una confusa guerra civil, cuyos bandos y alianzas mudaban constantemente. Ésta era la situación en la que don Juan Manuel desempeñaba preponderantes papeles durante el reinado de Fernando IV y la minoría de edad de Alfonso XI.

Pero la fama de que goza don Juan Manuel no se debe a su complicada actividad política, sino al ventajoso puesto que, con todo honor, ocupa en la historia de la literatura española como uno de los más relevantes escritores de la Edad Media. Es el prototipo del caballero medieval que vive con plenitud su agitado tiempo, pero también cultiva su ingenio y armoniza esa gran dualidad de las armas y las letras que, doscientos años más tarde, aún glosaría don Quijote con exaltación. La perfección de su prosa se anticipa a los renacentistas y su libro de apólogos, *El conde Lucanor,* precede en unos pocos años al *Decamerón* de Bocaccio. Su obra es moralizante y sobre todo didáctica, preocupado por las costumbres de la época y por los usos caballerescos, como en el *Libro del Caballero y del Escudero* o en el *Libro de la Caza.* De estirpe regia, señor de anchos dominios, poderoso cortesano, contemplaba desde su fortaleza la inmensidad de los campos de Castilla, alternaba la pura soledad con el turbio bullicio de la corte y escribía para la posteridad las más auténticas ideas y las más fieles imágenes de la Edad Media española.

En su interior la torre del homenaje está dividida en dos plantas, de forma que en cada una hay una cámara cubierta por bóvedas.

Páginas anteriores:
Detalle de una de las ocho garitas o torrecillas cilíndricas sobre ménsulas en forma de anillo de la torre del homenaje. Las garitas enlazan con las almenas y el parapeto del matacán corrido, de modo que en la parte inferior tienen unos blasones del linaje Téllez-Girón, duques de Osuna y marqueses de Peñafiel, que terminaron la torre en el siglo XV.

Vista general del castillo con la imponente torre del homenaje en el centro. De origen árabe, el castillo fue reedificado por el infante don Juan Manuel (1282-1348), nieto de Fernando III el Santo, sobrino de Alfonso X el Sabio y destacado prosista. Entre otras obras es autor del célebre *Libro de los enxiemplos del Conde Lucanor et de Patronio*, más de cincuenta relatos de clara intencionalidad didáctica.

En los dos extremos, el castillo termina en punta con una torre cilíndrica de remate. Esta particular estructura del castillo viene determinada por el cerro sobre el que se levanta la fortaleza, de manera que estos extremos del castillo se han comparado a menudo con la proa y la popa de un navío. Las murallas del castillo, correspondientes a los siglos XIII-XIV, destacan por las treinta torres cilíndricas que sobresalen unos dos tercios de su diámetro respecto al muro. En los patios del castillo hay restos de construcciones, además de subterráneos y un aljibe.

Situado sobre un cerro que domina la llanura del Duero, el castillo tiene una longitud aproximada de 210 metros. El aparejo, muy regular, es de piedra caliza blanca, oscurecida por el paso del tiempo.

Detalle del coronamiento de la torre del homenaje. De planta rectangular, esta torre tiene una altura de 34 metros. En algunas partes, los muros llegan a los 3,5 metros de grosor.

ALMANSA
(Albacete)

Observa certeramente Alberto A. Weissmüler, en su libro *Castles of the heart of Spain,* que el castillo de Almansa, al norte de la provincia de Albacete, puede ser tomado como prototipo del castillo roquero español. Lo es porque aprovecha una elevación brusca del terreno, desde cuya cima puede observarse una dilatada extensión susceptible de ser dominada. Compara el de Almansa con el de Peñafiel, en tierras de Valladolid, aunque este segundo alcanza mayor desarrollo longitudinal porque la cresta que le sirve de base es mucho más larga.

El cerro de Almansa, rocoso y escarpado, surge en medio de la llanura y al norte de la villa de su nombre, cuyo caserío llega hasta el pie del montículo. Como castillo roquero, ha de adaptarse rigurosamente al desigual suelo edificable de que dispone. Almansa es un prodigio, en este sentido, de habilidad arquitectónica, pues en tan abrupta plataforma logra trazar una planta concentrada, casi regular, y, sobre todo, una hermosa gradación de volúmenes escalonados.

La parte central y eminente está ocupada por la espléndida torre del homenaje, cuadrada y de gran altura; es el núcleo fuerte y, a la vez, magnífico observatorio. A derecha e izquierda de la gran torre salen dos muros paralelos formando un estrecho recinto, cuyo final es una torre cilíndrica de la misma altura que el muro. Y debajo de este extremo, en el nivel inferior, hay otro recinto cuadrangular con cubos en las esquinas. Toda esta parte conserva su coronamiento de almenas cuadradas. Dos pisos de la torre se cubren con bóveda. Hace casi medio siglo se descubrió una escalera obstruida, con sus peldaños tallados en la roca.

En la planicie manchega aparece la enorme masa pétrea y vertical en que se funden peñasco y castillo, como una tremenda unidad plástica y una fantástica escenografía.

De la historia del castillo de Almansa hay pocos datos fiables. Viejos autores afirman que había una torre romana, derribada en el siglo XVIII; es posible. Tradicionalmente se repite que se levantó sobre el emplazamiento de un castillo árabe anterior; es probable. Pero el carácter de la construcción es eminentemente cristiano y realizado después de su conquista, que llevó a cabo el rey de Aragón en 1255, concediéndose aquel lugar a la orden del Temple. Limítrofe con el reino de Valencia, Almansa quedó incorporado al de Murcia, en conformidad con el acuerdo pactado por Jaime I el Conquistador con su yerno Alfonso X el Sabio respecto a los límites entre las tierras ganadas por la Corona de Aragón y por el Reino de Castilla.

Los templarios se mantuvieron en Almansa hasta el año 1310 en que se produjo la escandalosa disolución de la orden. Pasó a poder del rey castellano, quien la confió a sucesivos alcaides.

Debió el castillo participar después en acontecimientos varios, pero la noticia más concreta es su esforzada intervención en favor de Isabel la Católica y en contra de Juana la Beltraneja, estando Almansa casi rodeada por los dominios de Enrique de Villena, impetuoso mantenedor de la segunda.

Al parecer utilizaron todavía el castillo las tropas del duque de Berwich en 1707, durante la decisiva batalla de Almansa en que Felipe V obtuvo su principal victoria.

Y después cayó en el olvido la gallarda fortaleza. En 1919 el propio alcalde del pueblo de Almansa solicitaba permiso para un derribo total, por temor a que se desplomase sobre las casas próximas. Lo salvó un informe de la Real Academia de la Historia: fue declarado monumento histórico-artístico de carácter nacional y, a partir de entonces, periódicamente, se han hecho obras de limpieza, consolidación y restauración, garantizando así la conservación, aunque en estado de ruina, del que acaso sea el castillo más vistoso sobre el paisaje español.

Vista del castillo desde la población, situada a los pies del cerro. Escenario de hechos históricos relevantes, el castillo y la población de Almansa destacaron en el siglo XV por la adhesión a Isabel la Católica durante la lucha por el trono de Castilla, y porque el 25 de abril de 1707 en la llanura cercana tuvo lugar, en plena Guerra de Sucesión, la célebre «Batalla de Almansa», que decidió el trono de España para Felipe de Borbón.

Páginas siguientes:
Emplazado en un cerro a 750 metros sobre el nivel del mar, se trata de un magnífico ejemplar de castillo roquero, debido a la espectacular construcción de sus muros sobre la roca. La torre del homenaje, en el centro de la fortaleza, corresponde al siglo XV, época en que se reconstruyó el castillo.

VALENCIA DE DON JUAN

(León)

Sólo son unas ruinas en el paisaje, pero son unas ruinas tan bellas y tan gallardas que no pueden ser omitidas. Fue un castillo en el que el modelo típico de Castilla en el siglo xv alcanzó el máximo desarrollo. Nos referimos al tipo de gran torre del homenaje cuadrada, muy grande, en una esquina, con la añadidura en ella y en los muros de cubos cilíndricos que interrumpen el paramento, crean volúmenes. y con ellos claroscuros en las fachadas, y establecen un ritmo arquitectónico muy marcado.

El castillo está un poco en alto a la orilla misma del río Esla, en un paisaje amplio y ameno, estropeado por un feísimo puente demasiado próximo al castillo para tormento de contempladores y fotógrafos.

Muy cerca, al nordeste de la fortaleza, está el pueblo que le da su nombre, villa importante en otros tiempos, cuando su topónimo era Coyanza y la Historia recuerda un concilio celebrado allí en el año 1050. Para ponderar la antigüedad de Coyanza también se cuentan historias de suevos y visigodos, de Almanzor, de los primeros reyes castellanos. A todos ellos se atribuyen acciones bélicas en torno al primitivo castillo junto a la población amurallada. Pero de todo ésto no queda más que algún vestigio y recuerdos no siempre fidedignos.

A finales del siglo xiii era señorío del infante don Juan, el inquieto y levantisco hijo de Alfonso X el Sabio, en cuyo honor parece que fue cambiado el nombre de Coyanza por el de Valencia de Don Juan. Pero las ruinas que estamos contemplando no tienen su origen en esas épocas, sino en el siglo xv, como ya hemos anotado, y, dentro de él, probablemente en el reinado de Enrique IV.

Lo que queda del castillo es un largo lienzo de muralla que corre de norte a sur, ligeramente convexo, como parte de un recinto alargado, no rectangular, sino de perímetro suavemente curvo. Esa ligera inflexión abre términos en las perspectivas y da al conjunto un aspecto que podríamos llamar escenográfico.

Delante del gran muro hay una cerca o barrera con cubos gruesos y bajos, que da profundidad y establece un contraste de proporciones, exaltando las del muro.

Por el contrario, la muralla almenada que hay detrás es altísima. De ella sobresalen a espacios regulares cuatro torres cuadradas de gran volumen. De norte a sur, las tres primeras son iguales, recias, apenas más altas que las cortinas del muro, cada una de ellas con tres torrecillas cilíndricas adosadas, que arrancan desde el suelo hasta el coronamiento de almenas, teniendo todo el recinto aspilleras para ballesteros, de las de boca circular y mira en cruz. La cuarta torre es la del homenaje, en la esquina del recinto, bastante más alta y, subiendo aún más arriba, las torrecillas, que por la longitud que alcanzan aquí desde tierra, más tienen proporción de columnas que de garitas.

En la segunda cara de la torre del homenaje se inicia otro de los lados de la muralla. Acaba ahí no quedando más que la plataforma rocosa encima del río y el despejado interior de la fortaleza, en cuyas paredes son visibles los huecos de las vigas que dividían sus plantas, alguna decoración de imbricaciones, algún resto de yeserías mudéjarcs. Todo muy sobrio, pero con la refinada elegancia del gótico final.

Debió de ser un magnífico alcázar, cuya construcción se debe al señorío de la familia Acuña. Por las torrecillas mencionadas están dispersos pequeños escudos: por supuesto el de Acuña y también los regios de Castilla y de Portugal. Y, seguramente, por razón de enlaces familiares, el de los Enríquez, orgullosos almirantes de Castilla, y el linaje leonés de Quiñones, al que pertenecía aquel don Suero, cuya aventura caballeresca de *El Paso Honroso* en el puente de Órbigo dio mucho que hablar durante todo el siglo.

Los Acuña eran muy poderosos por sus riquezas materiales y por su situación cortesana. Disfrutaron, sobre todo, de la confianza de Enrique IV. Pero el personaje que ha pasado a la Historia por su actividad y por su ambición es el obispo don Antonio Ossorio de Acuña, quien más de una vez hubo de refugiarse en Valencia de Don Juan. Los Reyes Católicos le enviaron a Roma en misión diplomática sobre el controvertido derecho de *presentación* de obispos por los reyes de España. En abierta contradicción con la gestión que le estaba encomendada, logró ser nombrado obispo de Zamora por el papa, secretamente y sin presentación. Ante el disgusto de los reyes, tomó su mitra por la fuerza de las armas y se mantuvo hasta que fue reconocido.

Estuvo en gracia y cayó en desgracia de los monarcas varias veces. Pero su mayor conflicto lo tuvo ya en el reinado del empera-

dor Carlos, el año 1521, cuando se produjo el movimiento popular de las comunidades de Castilla contra el gobierno imperial. El obispo de Zamora no vaciló en colocarse a la cabeza de los comuneros zamoranos. Este hecho y sus virtudes de caridad le granjearon el amor de su pueblo. Pero los comuneros fueron derrotados y el obispo hecho prisionero. Volveremos a encontrarlo, sufriendo una muerte miserable, en el castillo de Simancas.

Vista del río Esla, afluente del Duero, en cuya orilla se alza el castillo de Valencia de Don Juan, que debe su nombre al infante Don Juan de Castilla, hijo de Alfonso X el Sabio.

Páginas siguientes:
Vista general del castillo, cuya estructura actual –consistente en una gran torre del homenaje en el extremo de un recinto amurallado– corresponde al siglo xv. Al no tratarse de un castillo roquero, tiene un foso con una muralla anterior baja y de cubos macizos.

Detalle de la parte superior de la muralla y de las torrecillas almenadas. Todo el recinto dispone de aspilleras defensivas de boca circular y mira en cruz.

Página siguiente:
Del recinto amurallado sobresalen cuatro torres cuadradas con torrecillas cilíndricas adosadas, una de las cuales corresponde a la torre del homenaje.

Galería de la
"Claustrill
1415-141

El castillo tuvo unas 15 torres, todas distintas. Entre ellas destaca la torre del Portal, con un gran arco apuntado rematado por un blasón de Navarra.

Página anterior:
El castillo obedece a los parámetros del arte gótico francés, incorporando tradiciones ultrapirenaicas como los chapiteles cónicos de pizarra, mezclados con elementos mudéjares y del gótico aragonés. La irregular planta del castillo dio lugar a una leyenda según la cual el castillo tenía tantas habitaciones como días hay en el año.

En la galería de la cámara del Rey del palacio nuevo, totalmente reconstruida, sobreviven diez paños de yeserías mudéjares con lazos, estrellas y atauriques muy variados. Fueron ejecutados por artesanos moriscos de Tudela, aunque también participaron yeseros franceses como Jacob le Conte y Juan du Ruisel. Debido a la intervención de artistas de origen diverso, el castillo se convirtió en un claro ejemplo del eclecticismo dominante a finales de la Edad Media.

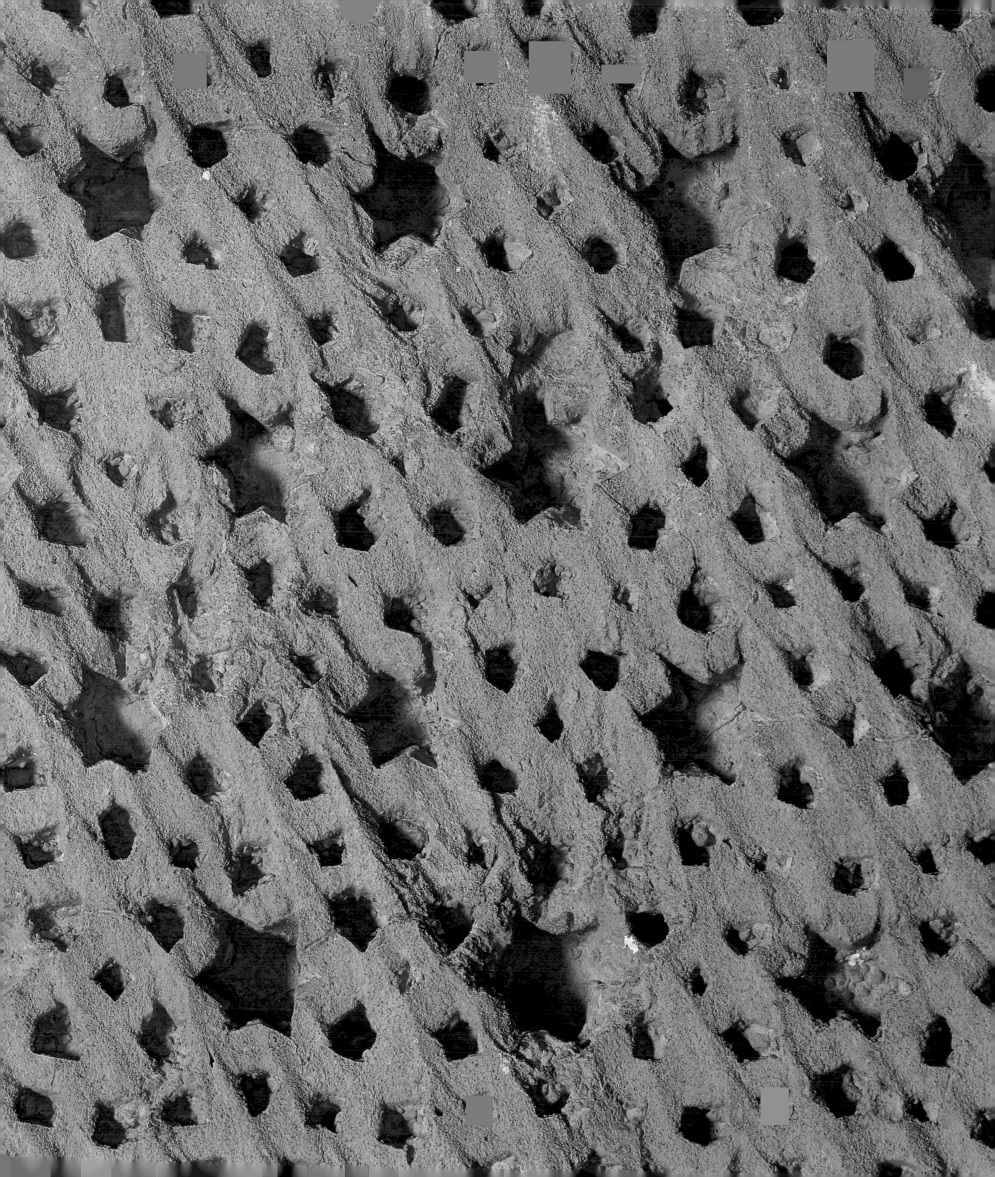

Desde el adarve o camino de ronda se aprecian los diferentes tipos de almenas, más decorativas que defensivas, así como la torre del homenaje que sobresale en una de las cuatro esquinas del recinto amurallado interior.

Página anterior:
Torre con garitas del recinto amurallado y foso formado por muros de ladrillo en talud. Declarado Monumento Nacional en 1931, el castillo se habilitó como escuela de capataces forestales a partir de 1956.

Aspillera y tronera de cruz y orbe para armas de fuego. El castillo fue asaltado un par de veces, sin éxito, durante el primer cuarto del siglo XVI, por el marqués del Zenete cuando intentó liberar a su amada María de Fonseca, secuestrada por su tío Antonio de Fonseca y por las tropas comuneras.

tener algo que ver con los usos simbólicos de la estrella de seis puntas en los arcanos medievales y especialmente entre los judíos y los moriscos? Acaso no sea más que una genialidad de un personaje tan original y ostentoso como el marqués de Villena.

A esa extraña planta se acomodan en el interior los aposentos, los cuales reciben luces por los huecos abiertos en los tres pisos del patio triangular. El castillo no tiene nada de ruinoso, a pesar de los tiempos de abandono que pasaron por él, aunque haya desaparecido buena parte de la decoración de sus estancias. Lo que queda en ellas es más que suficiente para imaginar el efecto fastuoso que producirían, con las paredes revestidas de finísimas yeserías isabelinas y las techumbres policromadas en alfarjes artesonados y cúpulas ochavadas mudéjares. El palacio, en la época en que estaba amueblado y alhajado, debía resultar deslumbrante.

Juan Pacheco se mantuvo leal al vacilante Enrique IV en el conflicto que tuvo lugar por la sucesión al trono, asimismo apoyó a su hija Juana, llamada «la Beltraneja» por atribuirse su verdadera paternidad a don Beltrán de la Cueva. Y cuando la guerra civil, encendida por este asunto, se decidía en favor de su tía Isabel, que ceñiría la corona con el sobrenombre de la Católica, aquella desdichada princesa, puesta en entredicho, fue a refugiarse al castillo de Belmonte, en el que halló la protección del marqués y de donde logró huir para llegar a Portugal y recluirse en un convento de monjas.

Al correr del tiempo y de las sucesiones familiares, el castillo de Belmonte llegó a ser propiedad de la emperatriz Eugenia de Montijo, casada con Napoleón III. La soberana mandó iniciar una restauración del magnífico palacio fortificado. Afortunadamente, se detuvieron pronto los trabajos restauradores y el castillo conserva su rara y noble estampa, la soberbia altivez que parece trasunto del espíritu de su fundador, el marqués de Villena.

Detalle de la torre del homenaje entre el almenaje. Las almenas –escalonadas, de gran tamaño y con los merlones muy amplios– son de una gran originalidad. Pensadas más con fines decorativos que defensivos, algunos historiadores han dudado que sean góticas.

Páginas anteriores:
Vista del castillo con la torre del homenaje a la izquierda. A partir de un patio central triangular, el castillo está trazado simétricamente formando una estrella de seis puntas con una torre en cada extremo. De las tres alas del castillo, una es exclusivamente militar, mientras que las dos restantes son palaciegas.

La torre del homenaje no está coronada, como las otras torres, con un remate de arquillos y falsos matacanes. Esta característica, junto con la ausencia de almenaje en las otras torres, confirman que el castillo quedó inacabado tras la muerte del marqués de Villena y tras la reconstrucción que impulsó, entre 1857 y 1872, la emperatriz Eugenia de Montijo, esposa de Napoleón III y descendiente de los Villena. Fue declarado Monumento Nacional en 1932.

Se accede al recinto interior del castillo por una puerta gótica situada frente a la torre del homenaje y rematada en la parte superior por un alfiz trilobulado. En el tímpano un paje sostiene un yelmo, flanqueado por los blasones de Juan Pacheco Girón y de su segunda esposa, María Portocarrero Enríquez. El tercer escudo, muy desgastado, era la cruz de Santiago o el blasón de Enrique IV.

Página anterior:
Vista del adarve o camino de ronda. El aparejo, bastante regular, es a base de sillares de piedra caliza blanca. En el castillo quizá trabajó el arquitecto y escultor Juan Guas, muerto en 1496, y que probablemente también intervino en el castillo del Real de Manzanares.

Detalle de una de las chimeneas del interior con decoración mudéjar en yeso, al lado de una puerta enmarcada con yeserías decorativas a base de pináculos y elementos vegetales.

Escalera de madera de gusto mudéjar, reformada en el siglo XIX, durante las obras de restauración emprendidas por encargo de Eugenia de Montijo.

Armadura gótico-mudéjar del salón principal, convertido en capilla por unos monjes dominicos franceses que habitaron el castillo entre 1881 y 1886. De estructura octogonal, la armadura se asienta sobre pechinas. Destaca por la exuberancia decorativa, por la policromía y por la presencia de blasones de los Pacheco en cada paño de la techumbre. Se dice que antiguamente giraba para ofrecer un vistoso juego de luces y reflejos, debido a unos cristales de colores intercalados entre sus huecos.

Detalles de las yeserías decorativas de los muros de los dos ventanales del salón principal del castillo, convertido en capilla en el siglo XIX. Entre los atauriques vegetales asoman motivos animalísticos y humanos, junto con varios blasones referentes a los marqueses de Villena.

Vista del castillo con la muralla descendiendo de la fortaleza para albergar toda la villa de Belmonte. Según un acuerdo fechado el 12 de octubre de 1456, el Consejo de la villa de Belmonte sufragó dos tercios del coste global de la muralla. En el siglo siguiente, nació en esta villa el célebre escritor Fray Luis de León.

Página anterior:
Ventanal con ancho alféizar del salón principal convertido en capilla en el siglo XIX. Se dice que por una ventana como ésta logró escapar de la protección del primer marqués de Villena, de noche y disfrazada de campesina, Juana «la Beltraneja», enfrentada a su tía Isabel por la sucesión de Enrique IV de Castilla y refugiada en Belmonte.

Reproducciones de Álvaro de Luna (1390-1453) y de su esposa, Juana de Pimentel, a partir del retablo de la capilla de Santiago de la catedral de Toledo, encargado por su hija, María de Luna. En el año 1520 fue reconocida la grandeza de España al tercer duque del Infantado, Diego Hurtado de Mendoza y de Luna, fallecido en 1531.

Páginas anteriores:
Vistas de los dos pisos del patio interior con arcos muy rebajados sobre columnas acanaladas. En el año 1981, se celebró en este patio la ceremonia de apertura del proceso autonómico de la Comunidad de Madrid, a la cual pertenece el castillo.

Página siguiente:
Galería de arcos conopiales con torreón cilíndrico al fondo. Probablemente lo más destacado del castillo es la espléndida galería de arcos con tracerías, entre columnas de puntas de diamante y cornisas estalactíticas, dentro del más puro estilo isabelino, que mezcla elementos góticos con motivos mudéjares y renacentistas.

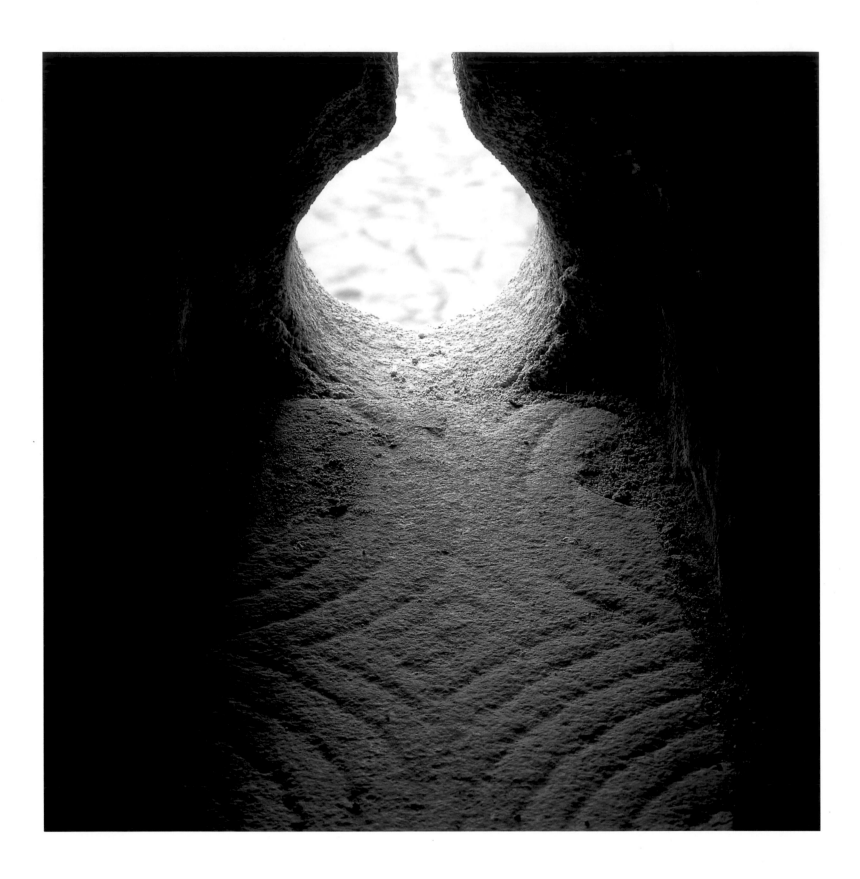

Abertura interior de la capilla. Cuando se levantó el castillo, se aprovechó una ermita románica del siglo XIII preexistente, bajo la advocación de Santa María de la Nava, que quedó incluida en el castillo como capilla.

Página siguiente:
Vista del río Manzanares desde uno de los arcos con tracerías de la galería de la base de la torre del homenaje. El castillo fue concebido más como residencia palaciega que como fortaleza militar.

Después del traslado en 1539 del archivo de escrituras reales que Carlos I había reunido en Valladolid, empezaron las primeras reformas en el castillo a cargo de Alonso Berruguete. No obstante, la reforma principal se realizó a partir de 1572, bajo el reinado de Felipe II, cuando se levantaron las cuatro crujías del patio para albergar el Archivo Histórico del Reino de Castilla, bajo la dirección del arquitecto Juan de Herrera.

Páginas anteriores:
El castillo consta de dos recintos: una muralla exterior pentagonal, probablemente del siglo xv, reaprovechando estructuras anteriores, y un cuerpo cuadrado central con torres, también del siglo xv, pero muy reformado en el siglo siguiente.

A pesar de que existió una fortaleza de origen árabe anterior al siglo xi y reconstruida en el siglo xiii, el recinto exterior del castillo –considerado la parte más antigua conservada en la actualidad– se atribuye a la construcción de nueva planta que mandó levantar Fadrique Enríquez, almirante de Castilla, en 1474.

Se accede al castillo a través de dos puertas: la principal y la del rey. Ambos ingresos consisten en portones flanqueados por torres pareadas, a los que se llega mediante puentes fijos que sustituyen a los levadizos originales.

Bóveda estrellada de la capilla. El proceso de reforma del castillo durante el reinado de Felipe II fue largo y penoso. Tras la suspensión temporal de las obras, debido al esfuerzo que suponía la construcción de El Escorial, la reforma se reanudó en 1574. Por aquel entonces se estaban construyendo las capillas y el atrio, y Juan de Herrera, ante las continuas consultas y rectificaciones, ruega en 1576 «me tenga por excusado en lo tocante a esa obra, que estoy ya tan cansado de unas y otras, que, si fuera posible, de todas me querría eximir».

El Archivo General de Simancas fue confiscado por Napoleón y muchos documentos se trasladaron a París en 1810. Recuperados parcialmente seis años después, los últimos documentos fueron devueltos en 1940 por el general Pétain. Actualmente consta de unos 5.200 volúmenes y 62.000 legajos, es decir unos 33 millones de documentos.

SOTOMAYOR
(Pontevedra)

Galicia, que por razones geográficas apenas vivió la Reconquista en sus comienzos, pues la lucha se alejó muy pronto de sus tierras, no tiene por supuesto castillos de origen musulmán, ni tampoco construidos contra el enemigo infiel. Únicamente algunas torres en la costa otean la temible arribada de normandos o de otras gentes hostiles venidas desde el mar. Ni fue importante la fortificación en la frontera con Portugal. Los castillos gallegos fueron señoriales, levantados casi siempre en la Baja Edad Media, siendo su finalidad la de pelearse con los demás señores y defenderse de sus enemigos, más peligrosos cuanto más cercanos. También algunas veces tuvieron que contener los levantamientos populares contra la nobleza despótica que los habitaba.

Los Reyes Católicos tuvieron que poner coto a la nobiliaria anarquía que, en ocasiones, se convertía en bandolerismo. Después los castillos perdieron su aire castrense y se fueron transformando en los *pazos* (palacios rurales), muchos de los cuales conservan alguna torre o coronan su muro con pequeñas almenas puramente simbólicas, como manifestaciones del señorío.

Sotomayor es uno de los castillos gallegos que mejor han mantenido su carácter y su grandeza, además de haber sido el que jugó un papel más activo en las sangrientas banderías del siglo XV por el temperamento belicoso y por el poder político de algunos de sus señores.

Se tiene por cierto que la primitiva construcción del castillo de Sotomayor se remonta al siglo XI y algún resto apreciable permite creer que ésta es su antigüedad. El linaje de Sotomayor pretendía ser mucho más remoto, hasta el punto de suponer un entronque familiar con el emperador Calígula. Tampoco puede tomarse en serio una dramática historia con el citado personaje, ni la narración atribuida a Servando, obispo de Orense y confesor del último rey godo don Rodrigo «con quien se halló en la batalla del Guadalete». Según esta versión, aparecería el tronco de Sotomayor en tiempos del rey Witiza, fundando el aserto en su escudo de armas cuando faltaban casi quinientos años para que se inventara la heráldica. Convegamos en que Sotomayor es uno de los linajes más antiguos de Galicia, con especial protagonismo durante la Edad Media.

El castillo, tal como ha llegado hasta nuestros días, es en su mayor parte de los siglos XIV y XV. Hay que tener en cuenta el arcaísmo habitual en el arte gallego para fechar en este monumento elementos góticos aparentemente muy primitivos en su estilo.

El castillo está situado en lugar solitario y encantador, sobre una colina, entre una prodigiosa vegetación de castaños, eucaliptos, magnolios gigantes, en un clima donde viven la palmera y el naranjo.

En medio de este paisaje, el castillo es una mole desafiante, muy cuadrada. La cerca de un primer recinto se atraviesa por puente levadizo y da acceso a una plaza de armas con una segunda muralla que apoya uno de sus extremos en la gruesa torre del homenaje. Tras un segundo patio está la puerta en arco apuntado, sobre la que campea un escudo que ha sido repuesto más de una vez cuando el edificio ha cambiado de dueño. Es muy notable una galería o más bien una tribuna de arcos apuntados muy sencillos.

Se ha mantenido bien el edificio que, al parecer, no sufrió demolición alguna cuando los Reyes Católicos tomaron medidas represivas contra la levantisca nobleza gallega. Hubo, sí, épocas de abandono y llegó a ser alquilado para instalar en él una escuela.

En 1870 compraron el castillo los marqueses de la Vega de Armijo, entusiasmados por la belleza del sitio y la sugestión de la fortaleza. Ellos emprendieron la gigantesca empresa de abrir caminos, limpiar bosques, trazar jardines y restaurar el castillo, cosa que hicieron con un respeto no frecuente en aquella época.

El castillo de Sotomayor está cargado de historias y de leyendas. En él ocurrieron dramáticos sucesos y habitaron los más curiosos personajes. De todos ellos, la personalidad más destacada es la de don Pedro Álvarez de Sotomayor, más conocido por el sobrenombre de «Pedro Madruga».

Iba a llegar el siglo XV a su mitad cuando se extinguió la línea masculina de sucesión en la casa de Sotomayor. Hernán Yáñez de Sotomayor murió dejando un hijo legítimo llamado Álvaro y un bastardo llamado Pedro, cuya madre nunca se ha identificado con seguridad. Pero murió Álvaro soltero y el patrimonio debía pasar a su tía doña Mayor, hermana de su difunto padre. Sin embargo, la generosidad de Álvaro y de doña Mayor, así como el afán de perpetuar el linaje hicieron heredero universal al bastardo Pedro, que a tal efecto fue legitimado por los reyes de Castilla y de Portugal, pasando a ser don Pedro Álvarez de Sotomayor. Casó con doña Teresa de Távora, de noble familia portuguesa y alternó su

habitual residencia en el castillo con su frecuentación de las cortes de Castilla y de Portugal.

El rey castellano Enrique IV le encargó vigilar y contener al arrogante arzobispo de Santiago don Alonso de Fonseca.

El talento natural de Pedro Álvarez de Sotomayor y la rapidez de sus decisiones le permitían adelantarse a la iniciativa de sus enemigos. Debía de ser un hombre duro, pero también generoso y de gran simpatía personal, a juzgar por la fama de que disfrutó.

Esas cualidades justifican el apodo de «Pedro Madruga», pero la leyenda lo atribuye con una anécdota muy propia de su atrabiliario temperamento.

Cuentan que él y el conde de Ribadavia estaban enzarzados en un problema de límites entre los dominios de sus respectivos castillos, llegando por fin a este acuerdo: en un día convenido y al oír el primer canto del gallo, saldría cada uno cabalgando de su castillo hasta que se encontraran y en aquel punto quedaría establecido de común acuerdo el controvertido límite. Pedro Álvarez de Sotomayor consi-

deró que el primer canto del gallo era el de medianoche y en cuanto lo oyó montó a caballo y salió al galope en dirección al castillo de su rival. Cuando el conde salió de su mansión al oír el canto del gallo del amanecer, que entendió era el primero del día, se encontró a don Pedro en su misma puerta y exclamó: «Pedro madruga».

Cuando estalló la rebelión de los *irmandiños,* campesinos que cometieron terribles desmanes en los castillos de la nobleza, Sotomayor ya se había ido previsoramente a Portugal. Reclamado por los de su condición, organizó una hueste y se enfrentó a los *irmandiños* en repetidas ocasiones hasta dominar la sublevación.

A pesar de las sombras y luces que presenta el contradictorio personaje, su figura fue muy popular en Galicia. Hasta nuestros días ha llegado esta copla:

«Viva la palma, viva la flor,
viva, viva Pedro Madruga,
Pedro Madruga de Sotomayor.»

Emplazado sobre una colina que domina
el río Verdugo, el castillo consta de una gran
torre del homenaje y de doble recinto amurallado.
Es muy interesante el parque botánico que lo
rodea, puesto que incluye algunos castaños
de unos 800 años de antigüedad.

Página anterior:
A pesar de que la mayor parte del castillo actual
es de los siglos XIV y XV, la construcción primitiva
se remonta al siglo XI.

Sobre la puerta principal del castillo campea un escudo que ha variado en más de una ocasión al cambiar de propietario. Entre sus señores, el más célebre fue Pedro Álvarez de Sotomayor, apodado «Madruga», por la costumbre de madrugar para sorprender a sus rivales.

El castillo tiene una doble muralla almenada. Una vez superada la primera cerca mediante un puente levadizo, se llega a una plaza de armas con una segunda muralla, que se une a la torre del homenaje.

Páginas siguientes:
Según un documento antiguo, el castillo carecía de fuente interior. El agua se sacaba por unos escalones viejos por donde se bajaba.

Probablemente una de las partes más destacadas del castillo es la galería de arcos apuntados del patio de armas. Su sobriedad decorativa convierte el castillo en un marco incomparable para albergar congresos, función para la que se adaptó después de que la Diputación Provincial de Pontevedra lo adquiriera en 1982.

La torre del homenaje oculta en su interior austeros calabozos, que contrastan con la zona palaciega de la galería de arcos del patio de armas.

LA CALAHORRA
(Granada)

Dos castillos hay en Andalucía —y son únicos en España— que se construyen fuera del tiempo y del estilo propios de estos edificios. Son los de Vélez Blanco, en Almería, y el de La Calahorra, en tierras de Granada, muy cerca de Guadix. Se levantan cuando ya ha pasado la Edad Media y ha terminado la Reconquista. Comienza la época en que los nobles abandonan sus castillos y prefieren acudir a la corte y, todavía más, en el tiempo en que los Reyes Católicos hacen derribar algunos y desmochar torres para poder dominar a una nobleza demasiado soberbia y levantisca.

El castillo de La Calahorra parece una locura digna del apasionado personaje que lo mandó construir. Era hijo del Gran Cardenal don Pedro González de Mendoza y de una tal doña Mencía, cuyo apellido no está claro.

Cuenta la tradición que él y su hermano eran de muy buen ver y que cuando el cardenal les presentó a los Reyes Católicos, la Reina contestó algo que pudo ser: «Cardenal, sois grande hasta en vuestros pecados», según unos, o bien, según otros: «Son vuestro pecado más bello.» En fin, algo diría Isabel, pues no era mujer que se mordiera la lengua.

Como nuestro héroe no podía lucir apellido materno, tomó para sí el nombre del Cid Campeador, llamándose Rodrigo Díaz de Vivar y Mendoza. Desde luego, era un Mendoza y tenía las virtudes y los defectos de este linaje, al que nos referimos al describir su lugar de origen. Era emprendedor, altivo e impetuoso. Y participaba del sentido de la modernidad que sentían todas las ramas de la familia, que fue la introductora y la que con mayor eficacia impulsó el Renacimiento italiano en España.

Había de ser él quien levantara un castillo con los mejores recursos de los medievales, pero adoptando formas decididamente renacentistas del máximo refinamiento. Se diferencia de su contemporáneo y rival, el de Vélez Blanco, en que este último tiene una apariencia exterior muy tradicional, con los imponentes volúmenes de sus torres cuadradas y almenadas, aunque en su interior hubiera un patio italiano, parecido al que hoy está reconstruido en el Museo Metropolitano de Nueva York.

Para emplazar esta novísima construcción y hacer de ella su palacio, escogió un lugar de hermoso paisaje, pero escondido,

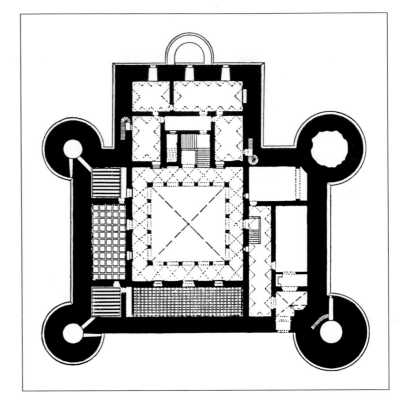

Planta del castillo de La Calahorra.

abrupto e inhóspito. Era una comarca llamada Zenete, por el nombre de una tribu africana muy resistente que la poblaba y a la que había sido muy difícil vencer en los últimos años de la guerra de Granada. Los Reyes Católicos dieron a Rodrigo el título de marqués del Zenete. Su nuevo señorío estaba en la ladera norte de Sierra Nevada, por encima de los llanos de Guadix. En total, media docena de insignificantes aldeas morunas, la principal de las cuales se llamaba La Calahorra, situada sobre un cerro rocoso y cuyo nombre indica la existencia anterior de una fortaleza, si bien sus vestigios se desconocen.

El marqués del Zenete se rebeló contra los Reyes Católicos al negarse a aceptar la decisión tomada por los monarcas, quienes, de acuerdo con el papa Alejandro VI, pensaban casarle con Lucrecia Borgia. Él prefirió hacerlo con doña Mencía de Fonseca y abandonar la corte por los riscos de su señorío, donde construyó su castillo-palacio.

No es segura la fecha de comienzo de las obras, que oscila, según los autores, entre 1502 y 1509. Sí parece cierto que su terminación fue en 1512 y que el año siguiente ya vivían allí los marqueses, aunque se dice que sólo lo habitaron ocho años.

La familia Mendoza utilizó habitualmente como constructor a Lorenzo Vázquez, segoviano, el primer arquitecto español que aprendió las normas del Renacimiento italiano y supo aplicarlas al proyectar iglesias, palacios y edificios de otros géneros, promovidos por miembros de la familia Mendoza. Aquí se trataba de un castillo y tenía que inventar una estructura sin precedentes a la vista.

Se ha discutido hasta qué punto fue Vázquez el creador y en qué proporción intervino Michele Carlone, arquitecto y escultor genovés. A nuestro juicio, el segoviano había demostrado suficientemente su capacidad de invención y sus recursos técnicos para llevar a cabo este empeño tan original. A Carlone y a sus colaboradores le corresponderá el maravilloso patio y varios elementos decorativos, de indiscutible producción italiana en su máxima pureza.

El exterior del edificio es francamente adusto. Consiste en un gran cuadrilátero con voluminosas torres cilíndricas en las cuatro esquinas, más un cuerpo rectangular saliente en la fachada posterior.

Consta de dos plantas. En la inferior los muros llegan a tener un espesor de cuatro metros. En el piso alto se abren unas pocas ventanas adinteladas. La sencilla y única puerta está situada de tal modo que su vigilancia desde el interior sea perfecta. Las cuatro pesadas torres, ya citadas, son iguales y rematan en una cúpula que deja a su alrededor un espacio anular como adarve.

Tras esa fisonomía hosca, el castillo reserva al visitante la gran sorpresa de su belleza interior. Directamente se accede al patio, complementado por la grandiosa escalera. Está formado por galerías de arcos de medio punto en los dos pisos y en sus cuatro lados. Todo él es de mármol labrado en Italia, al menos en sus partes más decoradas. Algún autor afirma que se transportaron desde Génova unas mil doscientas piezas labradas para montar el patio. Todo es delicado y de purísimo estilo: columnas con caprichosos capiteles inspirados en el corintio, arcos finamente moldurados, florones en las enjutas, balaustradas y en el friso una orgullosa inscripción latina que rodea todo el ámbito. Los mismos elementos juegan en la escalera. Y en los muros de las galerías se abren puertas a los salones, enmarcadas en piedra tallada con grutescos y provistas de hojas de rica madera también labrada.

Hasta aquí nos hallamos en un palacio de incomparable suntuosidad. Pero basta con ascender por las escalerillas reservadas, bajo las cubiertas a dos vertientes y por encima de ellas, para en-

Abertura defensiva en la parte inferior de los muros del cuerpo rectangular de la fachada posterior del castillo.

contrarse con la red defensiva formada por pasadizos, caminos de ronda, adarves, troneras y puestos de tirador. Nada de almenas y matacanes al modo medieval. Estamos en otra época y ahora la defensa se prepara contra la artillería, ocultando el dispositivo y esperando que revienten sus proyectiles contra la redonda resistencia de torres y cúpulas.

El conjunto del castillo-palacio se conserva completo, en bastante buen estado, aunque desprovisto del fastuoso mobiliario que lo debió engalanar en otros tiempos.

Habitado muy pocos años por el voluble marqués del Zenete, sirvió en repetidas ocasiones como base militar para reprimir las sublevaciones de los moriscos de las Alpujarras, por ejemplo en 1570, mandando las tropas don Juan de Austria, un año antes de que marchara a ganar gloria en Lepanto. Finalmente, por entronques familiares, pasó a formar parte del patrimonio de la casa de Medinaceli.

Levantado a principios del siglo XVI por orden de Rodrigo Díaz de Vivar y Mendoza –marqués del Zenete e hijo bastardo del cardenal Pedro González de Mendoza–, el castillo se terminó en 1512, a pesar de que la cerca exterior quedó inacabada. Se encargó de dirigir la construcción el arquitecto de la familia Mendoza, el segoviano Lorenzo Vázquez.

El castillo consta de un gran cuadrilátero con
grandes torres cilíndricas en los ángulos
y con un cuerpo rectangular saliente
en la fachada posterior. Los muros de los lienzos
y de las torres terminan en talud y llegan a tener
cuatro metros de grosor.

Páginas siguientes:
El espléndido patio central, de dos pisos
con arcos de medio punto, combina el mármol
importado de Italia con la piedra local.
Su construcción se atribuye al arquitecto y escultor
genovés Michele Carlone, quien mandó llevar
desde Génova 1.200 piezas labradas de mármol.
Además, se contrataron a siete marmolistas
(cuatro de Lombardía y tres de Liguria) para que
trabajaran la piedra local.

A través de la escalera principal, de tres tramos
y de estilo renacentista, se accede a la planta
superior del patio central, donde se encuentran
las salas nobles del castillo.

BREVE GLOSARIO

ABALUARTADO: Sistema de fortificación que emplea los baluartes como sus principales elementos.

ADARVE: Terraza o espacio en lo alto de los castillos y sus murallas, tras las almenas o el parapeto, donde han de colocarse las tropas para la defensa de la fortaleza. Camino de ronda por donde circulaban los defensores.

AJIMEZ: Ventana de dos huecos dividida por un parteluz o columnilla sobre la que cargan dos arquitos iguales.

ALAFIA: Adorno en forma de inscripción arábiga, muy frecuente en atauriques.

ALAMBOR: En arquitectura, pared que se construye con una inclinación exterior que va de la base hacia dentro, al objeto de reforzar los muros de castillos y fortalezas. Sinónimo: *talud*.

ALARIFE: Voz de origen árabe equivalente a arquitecto, constructor o albañil.

ALBACAR, ALBACARA: Espacio descubierto dentro del recinto amurallado de una fortaleza.

ALBANEGA: En el arte musulmán y en el mudéjar, espacio que queda entre el perfil del arco y el alfiz.

ALBARRANA: Torre avanzada, aislada o unida a la fortificación por un puente, fuera de la muralla exterior.

ALCAZABA: Recinto amurallado árabe de considerable extensión, generalmente con el muro flanqueado por torres iguales de trecho en trecho.

ALCÁZAR: Castillo residencial y suntuoso, es decir, palacio fortificado. Se suele aplicar a los de origen árabe, habilitados luego y reformados por los reyes cristianos, como en Sevilla, Toledo y Segovia.

ALFARJE: Techumbre morisca, hecha de vigas entrecruzadas geométricamente formando recuadros, lazos, estrellas u otras figuras decorativas.

ALFIZ: Moldura de tres lados rectos a manera de marco, sobre un arco árabe o mudéjar, al que encuadra.

ALGARRADA: Máquina de guerra medieval, de tipo rasante, para arrojar piedras. Ligeras, pero de tiro muy rápido. Utilizadas por los moros sitiados. Fue bautizada por Jaime I con este nombre.

ALJIBE: Depósito para recoger agua de lluvia.

ALMAJANEQUE: Máquina compuesta por un contrapeso y una palanca en cuyo extremo había una honda para lanzar piedras en el ataque a las fortalezas. Sinónimos: *mangana, manganilla*.

ALMENA: Cada uno de los prismas que coronan los muros de las antiguas fortalezas a manera de parapeto con vanos intermedios para tirar contra los enemigos.

ALMENAJE: Ornamento repetitivo y continuo que se pone en el remate de una pared o en el borde de un tejado. *Crestería*.

ALMOHADE: Arte del imperio establecido por los almohades en Andalucía durante el siglo XII y parte del XIII. Sus monumentos más destacados son La Giralda y algunos sectores del Alcázar de Sevilla.

ALMORÁVIDE: Arte musulmán de la época del dominio de los almorávides en España durante la primera mitad del siglo XII.

ATALAYA: Torre aislada, en lugar elevado, desde la que se descubre y vigila una extensión del terreno. —Rodante: Arma de ataque utilizada durante el asedio a un castillo.

ATAURIQUE: Labor decorativa de hojas estilizadas, profusamente repetidas en combinaciones simétricas, aplicada generalmente en bajorrelieve a la ornamentación de superficies. Es característica de estilos musulmanes.

AULA MAIOR: Sala de recepción y de fiestas, donde el señor recibe a sus iguales e imparte justicia a sus vasallos.

BALUARTE: Obra de fortificación de figura pentagonal que sobresale del muro exterior al objeto de permitir a la guarnición disponer de ángulos de tiro que cubran todos los puntos por los que pueda atacar el enemigo. Su uso se generaliza a partir del siglo XVI y es esencial en la fortificación de los siglos XVII y XVIII, que por eso se suele llamar abaluartada.

BARBACANA: Obra avanzada para defender puertas y cabezas de puente. Aplícase en especial a las dos torres que protegen el puente levadizo y la entrada principal de un castillo o ciudad fortificada.

BOLAÑO: Proyectil esférico de piedra que lanzaban las máquinas antiguas de tierra.

BOMBARDA: Una de las más antiguas piezas de artillería con pólvora, utilizada en los siglos XIV y XV. Era muy pesada, de grueso calibre y muy lenta en la preparación del tiro. Disparaba proyectiles de piedra o bolaños.

BRÍGOLA: Máquina pedrera medieval. Era giratoria a fin de poder cambiar la dirección del tiro. La muralla de Barcelona fue defendida con esta máquina.

CALAT: Prefijo árabe.

CALIFAL: Arte propio del califato de Córdoba, que florece en los siglos VIII a X, cuyos máximos exponentes son la mezquita cordobesa y el palacio de Medina Azahara.

COLEGIATA: Iglesia que, no siendo catedral, tiene un cabildo colegial de canónigos y beneficiados.

CORACHA: Muro de protección.

CUBO: En fortificación, torre de planta circular o cuadrada, adosada a una muralla y saliente de ella para su flanqueo.

CÚFICO: Antiguo carácter arábigo de escritura de rasgos elegantes y decorativos, utilizado en inscripciones de monumentos, objetos preciosos y monedas. Se fue haciendo cada vez más ornamental y menos legible, hasta llegar a ser en el arte mudéjar un adorno de frisos sin sentido literal.

ESCARAGUAITA: Pequeña torre saliente en los frentes y ángulos que quedó como motivo ornamental. *Torrecilla* y *cubillo.*

ESCARPA: Muro en talud que reviste el paramento interior del foso y sirve de base a la muralla de una fortaleza.

ESTRIBO: En arquitectura, masa de obra que contrarresta un empuje o refuerza un muro. *Contrafuerte.*

FOSO: Cavidad hecha en la tierra al pie y a lo largo de un recinto amurallado para poner un obstáculo al eventual asaltante y dejarlo al descubierto en su aproximación hostil. Puede estar lleno de agua si se dispone de ella, pero en la mayoría de los casos es seco.

FUNDÍBULO: Máquina pedrera con una gran honda en su extremo para voltear el proyectil y ganar altura.

GUALDRAPA: Vestidura de tela que cubre el cuerpo del caballo en paradas y torneos. Suele estar decorada con los escudos del caballero.

HOMENAJE: Pacto de vasallaje en el sistema feudal. Por eso la torre mayor y principal del castillo, que simboliza la jurisdicción del señor, se llama torre del homenaje.

HORNABEQUE: Fortificación exterior y complementaria, consistente en dos medios baluartes unidos entre sí por un muro.

LADRONERA: En fortificación equivale a *matacán* (v).

LIZA: Campo dispuesto con vallas alrededor para que en él tenga lugar un combate. *Palenque*.

MANGANA, MANGANILLA, MANGANEL: Equivale a *almajaneque* (v).

MATACÁN: Elemento de fortificación que sobresale en voladizo en una fachada, a modo de balconcillo de piedra, sin suelo, por el que se pueden arrojar proyectiles o líquidos al enemigo que se acerque al muro. *Ladronera* (v).

MINA: Galería subterránea que se excava en el asedio a una fortaleza hasta socavar el muro y provocar su derrumbe a fin de abrir un boquete para la penetración de tropas.

MORISCO: Denominación genérica del arte mudéjar y, en general, del producido por los descendientes de musulmanes que quedaron en la España cristiana.

MOTA: Colina de tierra sobre la que se levanta un castillo. En España se da el nombre de *mota* a los castillos sobre tierra, a diferencia de *los rocas*, que son los alzados sobre un suelo pétreo. La diferencia era importante, puesto que las motas se podían minar con mucha mayor facilidad que los rocas.

MOZÁRABE: Arte de los cristianos que vivían bajo la dominación musulmana en el califato de Córdoba.

MUDÉJAR: Arte de los moriscos o descendientes de musulmanes que quedaron en los reinos cristianos de España después de la Reconquista.

NAZARÍ: Arte de la dinastía musulmana, así denominada, que reinó en Granada desde 1231 hasta 1492. Su monumento más importante es el palacio de La Alhambra.

PRETIL: Muro de protección.

RÁBIDA, RÁBITA, RÁPITA: Convento fortificado musulmán situado en la frontera contra los reinos cristianos de España.

RASTRILLO: Fuerte enrejado de hierro dispuesto para deslizarse por las estrías verticales de las jambas de una puerta en los recintos amurallados, castillos y ciudadelas, de tal modo que un mecanismo la hace bajar, cerrando el paso a cualquier atacante.

REPRISTINACIÓN: Acción que tiene por objeto devolver a una obra artística su aspecto original, rehaciendo cuanto le falte y arreglando todo lo deteriorado hasta dejarla como nueva. Es un criterio de restauración que hoy se considera inadmisible, por lo que también la palabra ha caído en desuso.

REVELLÍN: Elemento fortificado exterior y avanzado que se coloca entre dos baluartes.

ROCA: Castillo construido sobre un promontorio pétreo y que, por ello, no puede ser atacado por minas cavadas a través del subsuelo. En este sentido se contrapone a *mota*.

SAETERA: En la fortificación medieval, abertura vertical y estrecha en el muro, a través de la cual se disparaba, de dentro a afuera, con arco o ballesta.

SILLAR: Piedra escuadrada en forma regular para la construcción de muros de sillería.

SILLERÍA: Aparejo de construcción formado por bloques cuidadosamente labrados, colocados en hiladas regulares, de juntas finas, presentando una superficie lisa.

TAIFA: Los reinos de taifas en que se descompone la España musulmana a comienzos del siglo XI, tras la caída del califato de Córdoba produce una de las etapas del arte hispanoárabe, cuyo monumento más importante es la Aljafería de Zaragoza.

TORRE: Edificio alto adosado al castillo. Puede haber sido erigido como defensa o usado como prisión.

TORREÓN: Torre de defensa, que no es la principal, en una fortaleza.

TRABUCO: En la Edad Media, máquina de guerra para lanzar piedras por contrapeso.

TRABUQUETE: Antiguo ingenio bélico para arrojar piedras, similar al almajaneque, al fundíbulo y a la mangana.

TRACERÍA: Decoración calada que resulta por la intersección de los elementos moldurados en las ventanas góticas.

TRONERA: Abertura en la pared de un castillo o fortaleza para emplazar un cañón.

ZUDA: Palacio musulmán fortificado.

(Glosario extraído del *Diccionario de términos de arte*, Luis Monreal y Tejada, Editorial Juventud, Barcelona, 1992).

Este libro ha sido posible gracias a la colaboración de las siguientes personas:

Sr. D. Miguel Beltrán Lloris (Museo Arqueológico de Zaragoza)
Sra. Dña. Teresa Berthet (Castillo de Ampudia / Palencia)
Sr. D. Luis Cendrera (Editorial Juventud / Barcelona)
Sra. Condesa de Torroella de Montgrí (Castillo de Peratallada / Gerona)
Sr. D. Ángel García (Edilán / Madrid)
Srta. Manuca (Centro de Iniciativas Turísticas. Játiva / Valencia)
Sres. Medina (Castillo de Vullpellac / Gerona)
Sr. D. Paco Requena (Edilán / Madrid)
Sr. D. J. Luis Rodríguez (Castillo de La Calahorra / Granada)
Sr. D. José Antonio Santolaria Castrillo (Castillo de Loarre / Huesca)
Sr. D. Antonio Zaydin (Ebrisa / Barcelona)

Y, muy especialmente, a:

Sr. D. José Carlos Cataño
Sr. D. José Enrique Martínez Lapuente

Así como a las siguientes instituciones:

Archivo General de Simancas (Valladolid)
Asociación Española de Amigos de los Castillos
Castillo de Guadamur (Toledo)
Centro de Iniciativas Turísticas «Las Merindades» (Medina de Pomar / Burgos)
Museo de Armería de Vitoria
Oficina de Turismo de Alcañiz (Teruel)
Paradores de Turismo (España)
Parador de Turismo de Benavente (Zamora)
Parador de Turismo de Cardona (Barcelona)

CRÉDITOS FOTOGRÁFICOS:

Marc Llimargas (págs.):
24, 61, 64, 65, 91, 92, 93, 198, 200, 201

Martín García Pérez (págs.):
314-315, 316

Joaquín Cortés (págs.):
13, 22, 30, 33 (superior)

Archivo Oronoz (pág.):
31

Ramón Masats (pág.):
174

LUNWERG EDITORES

Director general
JUAN CARLOS LUNA

Directora literaria
CARMINA DE LUNA

Director de arte
ANDRÉS GAMBOA

Directora técnica
MERCEDES CARREGAL

Maquetación
FRANCISCO COLACIOS

Epígrafes
MIQUEL MIRAMBELL